U0260942

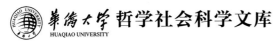

华侨大学哲学社会科学文库
HUAQIAO UNIVERSITY

闽南金三角生态系列

闽南金三角
常见鸟类概览

郑维馥　朱敬恩　李美贞／著

OVERVIEW OF
COMMON
BIRDS
IN HOKKIEN
GOLDEN TRIANGLE

精灵的快闪

林淳题

社会科学文献出版社
SOCIAL SCIENCES ACADEMIC PRESS (CHINA)

序

　　维馥先生是我在上海读书的同窗好友，毕业之后的二十年，又有机会在厦门相聚。无论在读书时代，还是在工作期间，他对知识的追求总是那么执着，在技术上是一把好手，得到业界同行的认可和赞誉。他经历了中国港口机械从自制简易吊机、港口标准大型港机设备到自动化码头的发展全过程，同时，他还是厦门港发展成为国家综合运输体系的重要枢纽港的参与者和见证人，在厦门港解决的技术难题不计其数，还经常被同行邀请帮忙参与技术攻关。让我觉得意外的是，这样的专家竟然迷上了观鸟拍摄。十多年来，他利用业余时间起早摸黑、跋山涉水走进崇山峻岭进行观鸟拍摄，耗费了大部分收入和休息时间，可以说，对观鸟拍摄是如痴如醉。他曾经到肯尼亚马赛马拉国家公园观鸟拍摄，竟然不知道肯尼亚首都内罗毕在何处，真是匪夷所思。

　　退休后的偶然机会，谈起观鸟拍摄的话题，才知道维馥先生积累了数百幅的鸟类拍摄作品，认真欣赏其作品，可谓一次摄影精品的享受，鸟类在此表现得惟妙惟肖，自然在此体现得如此多娇，拍摄之精彩体现了作者一丝不苟的科学态度和精益求精的工作作风。要知道，寻找鸟类栖身之处，捕捉其展示的美妙瞬间，是需要耗费时间和精力的，更需要足够的耐心和敏捷的反应。在众多的作品中，有部分涉及闽南金三角区域。闽南处在祖国东南沿海，面海傍山，江海交织，山脉绵延，是鸟类喜欢栖息之处，南来北往迁徙的鸟类也乐于在此歇脚，从而使这里形成了闽南金三角区域丰富的鸟类资源聚集地，这无疑是编撰乡土教材的极好样本。

在现代科技飞速发展的背景下，中小学教育既要吸收现代科技，大胆创新，又要保持传统方式，进行必要的取舍，而不能让青少年陷入题海，不能使他们失去应有的童趣。因此，乡土教材的编撰是中小学教育创新的题中之义，是文化传承的题中之义。华侨大学教育基金会城市建设与经济发展研究专项基金理事会秉承"立足闽南、服务基层"的宗旨，乐于解决社会发展过程中的难题，特邀维馥先生编撰中小学乡土教材《精灵的快闪——闽南金三角常见鸟类概览》一书，介绍闽南地区的鸟类资源，普及鸟类知识，并资助该书的公益出版，该书出版后将赠送给闽南地区的中小学校。该书的出版还给鸟类摄影爱好者提供了丰富的知识。

《精灵的快闪——闽南金三角常见鸟类概览》一书编撰工作量大、时间紧，维馥先生花费了大量的时间，特别是早期有些作品像素较低，照片质量不理想，他又抓紧时间补拍，体现了长年形成的严谨的工作作风。鉴此，欣然应邀作序，以资致谢。

丁国炎

2018 年中秋

于厦门

前　言

　　"金山银山，不如绿水青山"，习近平主席高度概括了生态环境对社会发展的重要性。"野生鸟类可遇见性和多样性"程度的高低，是生态环境好坏最直接的"指示剂"。

　　闽南金三角地区作为当前中国经济高度发达的地区之一，生态环境的保护工作一直面临很大的压力，可喜的是，无论是各级政府管理部门，还是民间组织和自然爱好者们，都将对本地区生态环境的呵护内化成自觉的行动，且各尽其能，不断地强化着这份"爱"的力量，将之推向全社会。

　　闽南金三角地区即指福建的南部九龙江、晋江流域的区域，土地面积达2万平方公里。行政上有厦门、漳州、泉州等三个城市及所辖二十八个县、市、区。经济较为发达，故又有闽南金三角之称。此外，中国台湾管辖的金门县亦属于地理概念上的闽南。

　　闽南金三角地区多属于东南丘陵地貌，呈东北—西南走向，海拔多在200至600米，其中主要的山峰超过1500米。丘陵与低山之间多数有河谷盆地。属于南亚热带季风气候，夏季高温多雨，冬季温和少雨。闽南金三角地区的自然植被以亚热带长绿阔叶林为主，森林覆盖率超过60%。

　　闽南金三角地区东临台湾海峡。台湾海峡季风交替明显，每年10月至次年4月东北风为主，6~8月西南风为主。闽南沿海多为岩石海岸，曲折多湾，滩涂相对较少。台湾海峡是寒暖洋流交汇之地，海水交换畅通，鱼虾种类多，因此闽南海域也是我国重要渔场之一。

正是因为闽南金三角地区拥有丰富的森林及海洋资源为鸟类提供了重要的生活空间和食物来源，闽南成为全球最重要的候鸟迁徙路线——"东亚—澳大利亚"路线南部的一个分叉处。秋季迁徙时，沿着中国北方海岸线汇集而下的鸟类，一部分在闽南沿中国海岸线继续前往广东、广西及东南亚地区；另一部分则在闽南直接飞往菲律宾的吕宋列岛并最终抵达澳大利亚、新西兰地区。

自 2000 年以来，目前在闽南金三角地区有确切记录的鸟种数已经超过 350 种（本书共记录了其中的 268 种），约占全国鸟种数量的 1/4。

《精灵的快闪——闽南金三角常见鸟类概览》是由厦门的两位国内资深观鸟爱好者郑维馥（网名：wine）和朱敬恩博士（网名：山鹰），以及李美贞女士共同合作完成。wine 擅长野生鸟类摄影，提供了文中所有的鸟类照片；山鹰则对闽南金三角地区鸟类的分布及习性十分熟悉，本书中所有鸟类图片后的第一段介绍性文字均出自他的手笔；李美贞女士则用她的细心和严谨，为本书中鸟类体态、习性、叫声等内容的编写搜集并整理了大量基础性的资料。本书精选的鸟类图片不仅可以作为鉴别参考，也具有很高的观赏价值。信手翻开此书，镜头里这些大自然的精灵，它们的美丽、乖巧、霸气等状态迎面扑来，一下子就能够唤起我们对野生鸟类的好奇之心和喜爱之情。再细读文字，又会发觉，原来这些野生鸟类的生活状态有的那么有趣，有些却又如此悲凉，需要我们人类更细心地呵护。

中小学生对自己家乡的认识是构建其爱国情怀的基石，也是长大后远在他乡之时乡愁最具体的落脚点。对环境热爱才能产生对大自然的敬畏之心，才能建立可持续发展的理念，而认识身边的常见鸟类，则是走向大自然最容易迈出的第一步。正是因为如此，世界各主要发达国家的观鸟教育都开展得十分红火，中国的观鸟教育也在近十年得到了巨大的发展。据保守估计，目前国内观鸟人群至少有 3 万余人，而十年前可能还不到 1000 人。在观鸟活动普及开展较好的地区如广东省，已经连续举办三届广州、佛山和肇庆的联合中小学观鸟比赛。目前，闽南金三角地区也有很多中小学也开展了观鸟活动。

为了丰富中小学乡土教材，我们将多年积累的野生鸟类摄影作品汇编成册，对闽南金三角地区鸟类进行详尽介绍，在华侨大学教育基金会城市建设与经济发展研究专项基金理事会的支持下出版问世。希望本书能够让更多中小学生喜欢这充满神奇的鸟类世界，让越来越多的闽南人认识身边鸟，记得故乡天空中的飞羽，留住乡愁，热爱并呵护这方宝地，也希望本书能够成为促进闽南金三角地区环境保护工作的一个推进剂。

朱敬恩

目
录

CONTENTS

䴕形目 > 啄木鸟科

䴕形目 > 拟啄木鸟科

戴胜目 > 戴胜科

咬鹃目 > 咬鹃科

佛法僧目 > 翠鸟科

佛法僧目 > 佛法僧科

鹬形目 > 丘鹬科

雀形目 > 鹟科

雀形目 > 椋鸟科

雀形目 > 攀雀科

雀形目 > 山雀科

雀形目 > 燕科

雀形目 > 鹎科

雀形目 > 扇尾莺科

雀形目 > 绣眼鸟科

雀形目 > 莺科

雀形目 > 百灵科

雀形目 > 太阳鸟科

雀形目 > 麻雀科

雀形目 > 燕雀科

1 中华鹧鸪 (zhè gū)
Chinese Francolin

"行不得也，哥哥"，中华鹧鸪的叫声总让春日里的古人听出诸多的幽怨，那些别离的伤感和期盼，在细雨飘零的晨曦中，在这凄凉的节奏里，被撕心裂肺地放大着。如今，尽管中华鹧鸪的叫声嘹亮，但在野外想一窥其真容的机会却并不多。为了拍这张照片，作者从黎明开始，耐心地守候了一个多小时后，才等到它跃上石头高歌的那一瞬间。

中华鹧鸪体长 30 厘米，多栖于低地至海拔 1600 米的干燥林地、草地及次生灌丛。它们的警惕性极强，受惊时迅速隐藏在草丛或灌木丛里，很难发现。脚爪强健，善于在地上行走，虽然不常飞行，但飞行速度很快。

中华鹧鸪是杂食性，喜欢吃蚱蜢、蚂蚁等昆虫，同时亦吃野生果实，杂草种子及植物的嫩芽。

叫声：叫声独特、洪亮、刺耳，晨昏时数鸟可同时鸣叫，声如 do-be-quick-papa 或 ha-ha。

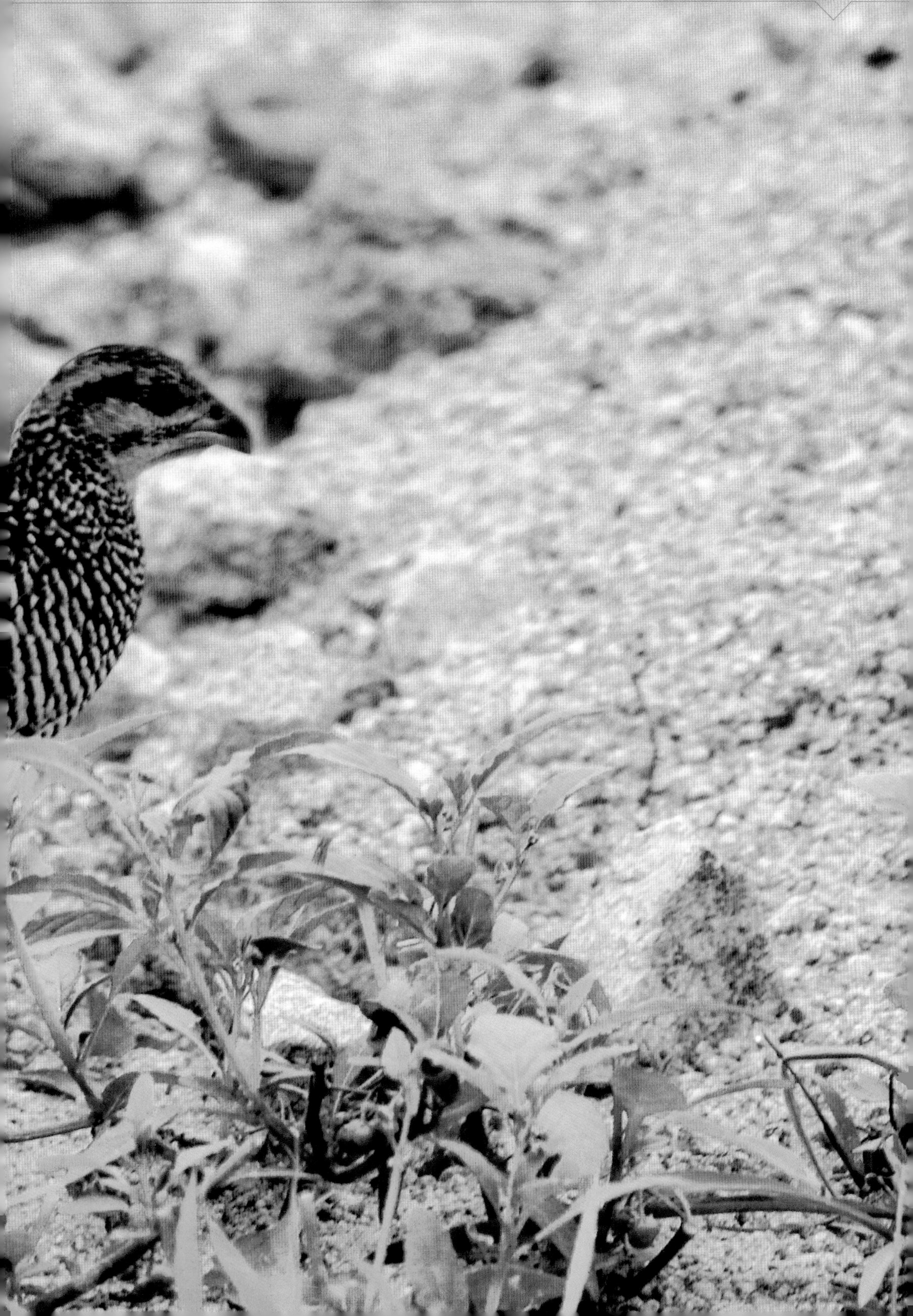

2 ｜ 日本鹌鹑 (ān chún)
Japanese Quail

日本鹌鹑有着极好的保护色。人在野外的草地上行走，经常会遇到它突然从脚边"噌"的一声飞起，然后扑打着翅膀又在前方不远处落下的场景。等你靠近，却发现依旧找不到它的影踪，让人困惑不已。所以拍摄日本鹌鹑基本只能靠偶遇，因为想专门找到它几乎是不可能的，然而一旦遇到，它那对自己的伪装色过度的自信，则为摄影者提供了各种近距离拍摄其细节的可能。

日本鹌鹑体长 20 厘米，滚圆，常成对而非成群活动，喜农耕区的谷物农田或矮草地。一般很少起飞，常常在人走至跟前时才突然从脚下冲出，而且飞不多远又落入草丛。

日本鹌鹑以嫩枝、种子为食，也食昆虫。

另：俗称的鹌鹑实际上是本种日本鹌鹑。日本鹌鹑大约于 1595 年首先在东方各国驯养，目前已经实现大规模的人工饲养繁殖。

叫声：别具一格的哨音声，如 gwa kuro 或 guku kr-r-r-r。

叫声：叫声悠长而哀婉的双音调哨音。

3 白眉山鹧鸪 (zhè gū)　　IUCN 红色名录：易危（VU）
White-necklaced Partridge

　　白眉山鹧鸪是目前福建省最难得一见的山鹧鸪。它曾经遍布各个山头，然而如今只有在深山里才偶尔能听到它那悠长而独特的叫声。白眉、黑颈、红脚爪的白眉山鹧鸪生性谨慎，可即使白眉山鹧鸪褐、黄、黑、灰四色间混的体色和山中的土石极其类似，堪称拥有完美的伪装，它们还是难以逃脱人类的猎杀，只有在各大保护区里才能够避免被猎杀。希望新修订的《中华人民共和国野生动物保护法》的实施，能够给它们更多的安全。

　　白眉山鹧鸪体长 30 厘米。栖息于海拔 500～1900 米低山丘陵地带阔叶林中。受惊后飞行疾速，飞不多远即落入林下灌丛或草丛中。

　　白眉山鹧鸪主要以橡子、浆果等植物果实与种子为食；也吃昆虫和其他小型无脊椎动物。

4

灰胸竹鸡
Chinese Bamboo Partridge

　　灰胸竹鸡身上的斑纹就好像雨滴从头颈部沿着躯干往下流。厦门本地人叫它"地主婆"，这是因为它独特又嘹亮的叫声和闽南语这三个字的发音很像。灰胸竹鸡是闽南最常见的雉科鸟类之一，不过因为它胆子很小，伪装色又很好，人们在野外走路将其惊飞的可能性倒是比拍摄到它的机会更多。

　　灰胸竹鸡体长 33 厘米，主要栖息于山区、平原的灌丛、竹林以及草丛。以家庭群栖居，每群有固定的活动区域，取食地和栖息地较固定，领域性较强。通常在天一亮即开始活动。飞行笨拙、径直，一般很少起飞，飞行迅速，但不高飞，且不持久，飞不多远又落入草丛。

　　灰胸竹鸡杂食。主要以嫩枝、嫩叶、果实等植物和农作物种子为食，也吃昆虫和其他无脊椎动物。

叫声：刺耳的 people pray 叫声。

5 　黄腹角雉 (zhì)

黄腹角雉为中国特有鸟类，国家一级保护动物。

Yellow-bellied Tragopan

　　黄腹角雉可以说是福建省最出名的雉科鸟类，国家一级保护动物。合适的地理位置与良好的生态保护，使得武夷山脉成为它们最重要的保护地。闽南地区虽不属于武夷山脉，但北部的群山里总还是可以容纳得下几个小种群活得自由自在。保护好珍贵的黄腹角雉，也就是保护好闽南金三角的生态屏障。

　　黄腹角雉体长 61 厘米。主要栖息于海拔 800～1400 米的亚热带山地常绿阔叶林和针叶阔叶混交林中。善于奔走，常在茂密的林下灌丛和草丛中活动。身子粗笨，不善飞翔，反应迟钝，有时还会干出"埋头不见"的傻事。当听到危险响动时，它不飞不跑，站在原地不动，东瞧瞧，西望望。发现有人正逼近自己时，想逃已经来不及了，它就急中生"智"，一头钻进了杂草丛中，或者干脆纹丝不动，成了真正的"呆若木鸡"。

这个习性也让它很容易遭到捕杀。

　　黄腹角雉主要以蕨类及植物的茎、叶、花、果实和种子为食，也吃昆虫如白蚁和毛虫等少量动物性食物。

叫声：雄鸟发出似婴儿啼哭的 wu, wa……ga, ga 或 nyear-ni 声来维护巢域。雌鸟繁殖季节发出 wa, wa 的声音。

6　白鹇 (xián)
Silver Pheasant

　　白鹇是林中的白衣仙子——红妆赤足，发如蓝墨衣似雪。因为长期遭到偷猎的威胁，原本在华东地区山林里很常见的白鹇如今也只能偶遇了。在追寻拍摄它们的过程中，我们能明显感到在盗猎比较猖獗的地区，它们对人类已经变得十分警觉，远远地就会逃开；而在盗猎行为得到有效遏制的一些自然保护区附近，白鹇在林间悠然漫步，或者翩翩起舞的场景人们依旧能够时有目睹。

　　白鹇体长 70 ~ 115 厘米，结小群活动，群体内有严格的等级关系。栖于开阔林地及次生常绿林，分布高度可至海拔 2000 米。一般很少起飞，紧急时亦急飞上树。

　　白鹇的食性和其他雉类相似，还常拣食猴类和鸠鸽吃剩的无花果。

叫声：通常少叫，告警时发出刺耳的 ji-go 声或尖历哨音。

白颈长尾雉是国家一级保护动物。IUCN 红色名录：近危（NT）

7 白颈长尾雉 (zhì)
White-necked Long-tailed Pheas

　　白颈长尾雉喜欢生活在中海拔地区的竹林和阔叶林里，当它在森林中不紧不慢地踱步时，银白色的头羽、红彤彤的脸颊、乌黑的胸羽，以及别具一格的铜红色翅膀和坚挺笔直的条纹状长尾巴，让它看上去好像是一个威风凛凛的将军正在巡视营地。当然，这是雄鸟才有的"范儿"。白颈长尾雉的雌鸟全身灰褐色，和落叶几乎融为一体，像绝大多数鸟类妈妈一样，为了后代的安全早已放弃了美貌。白颈长尾雉在福建境内主要分布在闽北的武夷山脉，在闽南德化一带也有少量种群，然而由于受到非法捕猎的影响，如今在这些地区已经很难再看见它们了。

白颈长尾雉体长 81 厘米，栖于混交林中的浓密灌丛及竹林。性机警。以小群活动。活动时很少鸣叫，因此难以见到。活动以早晚为主，常常边游荡边取食，中午休息，晚上栖息于树上。

白颈长尾雉杂食性。主要以植物的叶、茎、芽、花、果实、种子等为食，也吃昆虫等动物性食物。

叫声：声音低沉。通常清晨鸣叫。雄鸟较雌鸟更常叫，声为 gu-gu-gu，ge-ge-ge 或 ji-ji-ji，ju-ju-ju。

8 雉 (zhì) 鸡
Common Pheasant

　　雉鸡又叫环颈雉，俗称山鸡、野鸡。雄鸟身上犹如涂抹了暗色系的五彩，长长的尾羽更是帅气之极。雉鸡是中国最常见的雉类，脖子上的白色项圈在不同地域稍有不同，有的闭合，有的压根就没有，有的介于两者之间；不变的是无论走到哪里，雉鸡总是一张涨红的脸，一脸愤怒的样子，难道是因为不满人类对野鸡的污名么？

　　雉鸡体长 85 厘米，栖于不同高度的开阔林地、灌木丛、半荒漠及农耕地。雉鸡脚强健，善于奔跑，特别是在灌丛中奔走极快。飞行速度较快，但不持久，常成抛物线式的飞行，落地前滑翔。雉鸡单独或结小群活动，雌鸟与其雏鸟偶尔与其他鸟合群。

　　雉鸡杂食性。主要以嫩枝、嫩叶、果实等和农作物种子为食，也吃昆虫和其他无脊椎动物。

叫声：雄鸟的叫声为爆发性的噼啪两声，紧接着便用力鼓翼。

9 栗树鸭
Tree Duck

栗树鸭通常生活在南岭以南以及东南亚和印度地区，在闽南地区非常罕见。栗树鸭远远看上去就是一只褐红色的鸭子，靠近了看才会发现它的背部有扇贝形状的花纹。和一般的鸭子不同，栗树鸭通常喜欢隐匿在高草丛中或荷叶下，偶尔也能见到它们成群地栖息于水面上，但水域通常都很小，不像大多数野鸭那样青睐开阔的水面。

栗树鸭属于中小型鸭类，体长 41 厘米，主要栖息于富有植物的池塘、湖泊、水库等水域，也出现在林缘沼泽和四周有植物覆盖的水塘和溪流中。性极为机警。常成几只到数十只的群体活动和觅食，也有多到数百只的大群。飞行力弱。飞行时边飞边发出轻而尖的啸声。善游泳和潜水，一次潜水可达十几分钟。

栗树鸭主要以稻谷、作物幼苗、青草和水生植物为食。也吃昆虫、螺、蜗牛、蛙和小鱼等动物性食物。

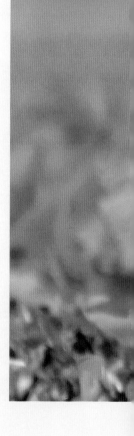

叫声：飞行时发出悦耳的尖哨音。

叫声：叫声似大天鹅但音量较大；群鸟合唱声如鹤，为悠远的 klah 声。

10 小天鹅
Whistling Swan

　　小天鹅通常不会出现在闽南，冬季的时候，它们大多在长江流域越冬。但是偶尔也会有一两只不安分的家伙，脱离大部队飞到更南的地方"闯世界"。通常我们称这种本不该出现在某一区域的鸟类为"迷鸟"。厦门曾出现的小天鹅就属于迷鸟。当时那只小天鹅不知何故受伤，被农民发现送去救治后，又在五缘湾湿地公园被放生，小天鹅就和原本居住在那里人工饲养的黑天鹅成了好朋友，一直等到春暖花开，它才飞回了北方。

　　小天鹅体型大，体长 142 厘米，比大天鹅略小。主要栖息于开阔的湖泊、水塘、沼泽、水流缓慢的河流以及邻近的苔原低地和苔原沼泽地上。飞行时振翅慢而有力，并发出响亮哨声。结群飞行时成"V"字形。

　　小天鹅主要以水生植物的叶、根、茎和种子等为食，也吃少量螺类、水生昆虫和其他小型水生动物等。

11 | 赤麻鸭
Ruddy Shelduck

　　赤麻鸭在闽南地区属于迷鸟，它们大多数在祖国的西部高原上生活。由于赤麻鸭通体金黄，而且几乎可以说遍布高原上的湿地、河流和湖泊，所以藏民朋友叫它"大黄鸭"，仿佛就在说自己家养的宠物一般。当这只赤麻鸭不知道为何万里迢迢飞到厦门来的时候，可乐坏了我们这些本地的鸟类爱好者，然而你看它迷茫的表情，似乎也没搞清楚自己为什么忽然间就来到了这东海之滨。

　　赤麻鸭体长 63 厘米。栖息于开阔草原、湖泊、农田等环境中，筑巢于近溪流、湖泊的洞穴。属迁徙性鸟类。性机警，人难以接近。多成家族群或由家族群集成更大的群体迁飞，常常边飞边叫，多呈直线或横排队列飞行。沿途不断停息和觅食。

　　主要以各种谷物、昆虫、蛙、虾、水生植物等为食。

叫声：声似 aakh 的嘶音低鸣，有时为重复的 pok-pok-pok-pok；雌鸟叫声较雄鸟更为深沉。

叫声：飞行时发出轻柔悦耳的 kar kar kar wark 哗鸣，数度一节，也有轻音的 kwak 声。

12 棉凫 (fú)
Cotton Teal

棉凫是一种个头十分小的野鸭，习性和鸳鸯类似，在闽南十分罕见。棉凫雄鸟翅膀上墨绿色羽毛闪烁着金属般的光辉，非常漂亮。棉凫喜欢在水生植物丰富的开阔水域生活。它不挑食，植物的嫩芽、嫩叶，水里的昆虫、螺蛳等，都在它的菜单上。

棉凫体长 30 厘米，是鸭科中最瘦小的。多数时间都在水中生活，一般不上岸活动，通常不高飞，两翅扇动幅度小，飞行距离不大，但飞行速度较快。

棉凫主要以水生植物和陆生植物的嫩芽、嫩叶、根等为食，也吃水生昆虫、蠕虫、蜗牛、小鱼等。

13 | 鸳鸯 (yuān yāng)
Mandarin Duck

鸳鸯在中国传统文化中是爱情的象征，可实际上古人犯了个大错误，因为雄鸳鸯是出了名的"见异思迁"，对爱情一点儿也不忠诚。每年都会有少量的鸳鸯在闽南越冬。鸳鸯雌雄的羽色差别非常大，雄鸟的华美和雌鸟的低调形成了鲜明的对比——华美是用来吸引异性，低调是为了躲避天敌好繁育后代，都是为了种群更好地繁衍。和喜欢在水草中搭巢的鸭子不同，鸳鸯是树栖的，它们的巢建在树洞里。

鸳鸯体长 40 厘米，营巢于树上洞穴或河岸，活动于多林木的溪流与湖泊。常安静无声。生性机警，极善隐蔽，飞行的本领也很强。

鸳鸯杂食性。食物的种类常随季节和栖息地的不同而有变化。

叫声：雄鸟飞行时发出声如 hwick 的短哨音，雌鸟发出低咯声。

14 | 赤颈鸭
Wigeon

厦门近海海域或者附近一些开阔的淡水湖面上，曾有数以千计的野鸭每年都来此越冬，然而随着填海造房和湖岸改造，胆小的野鸭们日渐远离了厦门，后人只怕再也见不到当年的盛况了。赤颈鸭是每年冬季来厦门越冬的野鸭中数量较多的一种，雄鸟鹅黄色的头顶和栗红色的脸脖让人觉得犹如冬日里温暖的阳光所致，看的人心也暖暖的。夫妻俩长相差别很大，但它们有一个共同癖好，那就是都爱用黑色的"唇膏"。

赤颈鸭体长 47 厘米。与其他水鸟混群于湖泊、沼泽及河口地带，尤其喜欢在富有水生植物的开阔水域中活动。善游泳和潜水。高兴时常将尾翘起，头弯到胸部。飞行快而有力。

赤颈鸭主要以植物性食物为食。

🐦 叫声：雄鸟发出悦耳哨笛声 whee-oo，雌鸟为短急的鸭叫。

15 斑嘴鸭
Spot-billed Duck

　　作为家鸭的祖先之一（另一种是绿头鸭），斑嘴鸭是闽南少有的在本地有繁殖记录的野鸭之一，也就是说一年四季都有机会看见它。斑嘴鸭体型硕大，肌肉强劲有力，嘴端黄色的色斑是最明显的特征，飞起来翅膀上蓝色的辉羽熠熠生辉，相当抢眼。厦门的北部海湾、泉州的晋江入海口等地，都曾经有上千只野鸭一起飞舞的壮观景象，然而随着海岸的逐渐硬化，高楼大厦代替了芦苇丛，这些都只能是回忆了。

　　斑嘴鸭体长 50～64 厘米。栖于湖泊、河流及沿海红树林和潟湖。善游泳，亦善于行走，但很少潜水。

　　斑嘴鸭主要吃植物性食物，也吃昆虫、软体动物等动物性食物。

叫声：雄鸟发出粗声的 kreep；
雌鸟叫声似家鸭，音往往连续
下降。

叫声：叫声轻柔而低，也作 quack 的鸭叫声。

16 琵嘴鸭
Shoveller

　　琵嘴鸭在闽南是冬候鸟，雄鸟像个衣装讲究的绅士，雌鸟毫不起眼像个灰姑娘。然而无论雄雌，琵嘴鸭都拥有一个末端膨大的大嘴，像个琵琶。靠着这张大嘴，它们在水里来回搜寻着各种小螺蛳、小鱼虾，有时候也会吃点水草。你瞧这两口子齐头并进的模样，小日子过得别提有多幸福了！

　　琵嘴鸭体长 50 厘米。喜沿海的潟湖、池塘、湖泊及红树林沼泽。飞行力不强，但飞行速度快而有力，常发出翅膀振动的"呼呼"声。

　　琵嘴鸭主要以螺、水生昆虫、鱼、蛙等动物性食物为食，也食水藻、草子等植物性食物。

17 绿翅鸭
Common Teal

绿翅鸭是南方常见野鸭中最小的，所以香港人干脆叫它"小水鸭"。小归小，却特色鲜明，尤其是雄鸟的头部，就像是画了一个红绿色的"太极"图。这在东亚的文化圈内显得尤为"可贵"，有的鸟友戏称它是"八卦鸭"，至于它是否会预知未来，就只有天知道了。它们在水面上悠闲自在的模样仿佛在跟我们说：未来会怎样是明天的事情，享受当下才是最要紧的。

绿翅鸭体长 37 厘米。成对或成群栖于湖泊或池塘，常与其他水禽混杂。飞行时振翼极快。

绿翅鸭主要以植物性食物为食，特别是水生植物种子和嫩叶。也吃甲壳、软体动物、水生昆虫和其他小型无脊椎动物。

叫声：雄鸟叫声为似 kirrik 的金属声；雌鸟叫声为细高的短 quack 声。

18 | 凤头潜鸭
Tufted Duck

　　普通的鸭子不会潜水，觅食的时候只能把头埋进水里，于是屁股就翘起来露在水面了。潜鸭，顾名思义，是可以将整个身体潜入水中的。闽南地区能看到的潜鸭种类不多，凤头潜鸭是其中数量最多的。每年冬季在一些周边人类活动少、水面又宽广平静的地方都不难发现它们的身影。在冬日温暖的阳光下，它们的羽毛呈现迷人的深紫色光芒，一簇小辫子显得尤为活泼可爱。

　　凤头潜鸭体长 42 厘米。常见于湖泊及深池塘，潜水找食。飞行迅速。常成群活动，特别是迁徙期间和越冬期间常集成上百只的大群。

　　凤头潜鸭食物主要为虾、蟹、蛤、水生昆虫、小鱼、蝌蚪等动物性食物，有时也吃少量水生植物。

叫声：飞行时发出沙哑、低沉的 kur-r-r 叫声。

叫声：通常无声；雄鸟发情时发出多种轻柔而似猫的咪咪叫声，雌鸟发情及飞行时均发出似喘息的叫声。

19 | 红胸秋沙鸭
Red-breasted Merganser

　　在闽南的近海，冬季最珍贵的鸟类访客之一就是红胸秋沙鸭了。它那又尖又细末端还带着钩的长嘴，总让附近海里的小鱼儿有种在劫难逃的绝望感。不过对于我们这些喜欢鸟类的人来说，看到它却是喜笑颜开。红胸秋沙鸭对生活区域的水质要求颇高，它肯年年光顾厦门，就说明厦门近海海域的水质保持得还不错。作为一座以拥抱大海而闻名的城市，这绝对是一个好消息。

　　红胸秋沙鸭体长 53 厘米。栖于小池塘及河流，在树洞中繁殖。飞行快而直。

　　食物主要为小型鱼类，也吃水生昆虫、甲壳类、软体类等其他水生动物。

叫声：一连串响亮带鼻音的 teee-teee-teee-teee 声，似红隼；雏鸟乞食时发出高音的 tixixixixix……叫声。

20　蚁䴕 (liè)
Eurasian Wryneck

　　看名字就知道蚁䴕是一种爱吃蚂蚁的鸟。蚁䴕细长的舌头上长有刺毛，舌面上覆盖胶状黏液，蚂蚁躲在树缝里也无法逃脱。一物降一物，大自然真的很神奇。蚁䴕的保护色很好，停在树干上的时候几乎看不见，所以尽管不容易见，但其真实的数量并不算太少。相比之下，和它一样爱吃蚂蚁的穿山甲却因为人类的无知和贪婪已经被盗猎成了极度濒危的物种，想想都觉得有些心酸。

　　蚁䴕体长 17 厘米。栖息于低山丘陵和山脚平原的阔叶林或混交林的树木上，喜灌丛。不同于其他啄木鸟，蚁䴕栖于树枝而很少攀树，也不錾啄树干取食。

　　蚁䴕主要以蚂蚁、蚂蚁卵和蛹为食，也吃一些小甲虫。

21 | 斑姬啄木鸟
Speckled Piculet

斑姬啄木鸟是闽南地区能见到的个头最小的啄木鸟，还不到成人的一个拳头大。别看它个头小，敲起木头来"梆梆梆"的声音一点儿也不小，是森林的好卫士。除了一身本领，头戴小红帽、描着黑眼线，再加上斑斑点点的胸口和茶金色的翅膀以及在树干上各种活泼的动作表演，让斑姬啄木鸟看上去就是一个天生的小萌物，深受鸟类摄影爱好者的喜爱。

斑姬啄木鸟体型小，体长约 10 厘米。栖息于海拔 2000 米以下的低山丘陵和山脚平原常绿或落叶阔叶林中，尤喜竹林。多在地上或树枝上觅食，较少像其他啄木鸟那样在树干攀缘。

斑姬啄木鸟主要以蚂蚁、甲虫和其他昆虫为食。

叫声：觅食时持续发出轻微的叩击声，反复的尖厉 tsit 声；告警时发出似拨浪鼓的声音。

叫声：通常叫声为不断重复的悠长 piho piho 声，但也发出其他叫声，包括对唱时粗声大气的反复 tuk-tuk-tuk 叫声。

22 | 大拟啄木鸟
Greater Barbet

　　拟啄木鸟生活在南方温暖的森林里，拥有艳丽的色彩，大拟啄木鸟是其中个头最大的一种。大拟啄木鸟的正确读法是"大、拟啄木鸟"。拟啄木鸟和啄木鸟不是同一类的鸟，它们并没有啄木鸟那样细长的舌头和防震的头部结构设计。尽管偶尔也会在树干上啄啄啄，但是绝大多数情况下，拟啄木鸟更爱吃花蜜和果实，只是由于它们和啄木鸟一样爱住在树洞里，所以才被称为"模拟的"啄木鸟。

　　大拟啄木鸟体长 30 厘米。栖息于低、中海拔山地常绿阔叶林内，也见于针阔叶混交林。常单独或成对活动，在食物丰富的地方有时也成小群。常栖于高树顶部鸣叫。

　　大拟啄木鸟主要以马桑、五加科植物以及其他植物的花、果实和种子为食，也吃各种昆虫。

23 | 戴胜
Eurasian Hoopoe

《山海经》中的《西山经》有云："西王母其状如人，豹尾虎齿而善啸，蓬发戴胜。"这里的"胜"指的是一种玉佩。戴胜头顶的冠羽打开后确实像个头饰，因此得名也不为怪。戴胜细长的嘴很适合捕食躲藏在草地下的虫子，然而城市里众多的天然草地早已被人工草皮取代，而且因为喷洒农药戴胜根本无虫可吃，所以原本在闽南市区草坪都很常见的戴胜，现在沦落到只有在郊区垃圾场周围觅食求生的可怜境地。

戴胜体长 30 厘米。栖息于山地、平原的森林、林缘、河谷、农田、草地、村屯和果园等开阔地方。性活泼，喜开阔潮湿地面，长长的嘴在地面翻动寻找食物。

戴胜主要以蝗虫、蝼蛄、石蝇、金龟子、虫、跳蝻、蛾类和蝶类幼虫及成虫为食。

叫声：低柔的单音调 hoop-
hoop hoop，同时作上下点
头的演示；繁殖季节雄鸟偶
有银铃般悦耳叫声。

24 红头咬鹃
Red-headed Trogon

红头咬鹃长相奇特，看上去连个脖子都没有，尾巴还是方形的，整天腆着个红彤彤的大肚子，喜欢站在树枝上一动也不动。不过你不要以为静止不动是因为它很懒惰，它那一身明艳的色彩尽管是吸引雌鸟和观鸟爱好者们的"法宝"，但是也很容易招来雀鹰等天敌，所以保持安静才是最好的生存之道。

红头咬鹃体长33厘米。栖于海拔1500米以下的常绿阔叶林和次生林中。由密林的低树枝上猎取食物。飞行力较差，虽快而不远，多在林间呈上下起伏的波浪式飞行。

红头咬鹃主要以昆虫为食，也吃植物果实。

叫声：重复的圆润 tiaup 声，也作 tewirrr 的连声。

25 | 白胸翡翠
White-throated Kingfisher

　　天蓝色的背、酱红色的腹部和雪白的胸口让白胸翡翠在野外非常抢眼。在闽南一些水域面积较大的湖泊都有机会看到它，通常它会选择在一处视野很好的枝头或者水面的桩子上蹲守，一旦看准目标就径直飞过去，水里的小鱼、陆地上的青蛙甚至小蜥蜴都是它喜爱的猎物。

　　白胸翡翠体长 27 厘米。栖息于山地森林和河流、湖泊岸边，也出现于池塘、水库、沼泽和稻田等水域岸边。白胸翡翠主要以鱼、蟹和水生昆虫为食，也吃陆栖昆虫及其幼虫、小型陆栖脊椎动物等。

叫声：飞行或栖立时发出响亮的 kee kee kee kee 尖叫声，也作沙哑的 chewer chewer chewer 声。

26 | 蓝翡翠
Black-capped Kingfisher

蓝翡翠有一圈白脖子，背、腰和尾上覆羽色彩堪比纯蓝墨水，艳阳之下显得华丽无比。蓝翡翠习性和白胸翡翠相似，但是在闽南地区并不常见，已有的记录大多出现在红树林长势较好的滨海或河口地区。

蓝翡翠体长 30 厘米。栖息于林中溪流以及山脚与平原地带的河流、水塘和沼泽地带。喜大河流两岸、河口及红树林。栖于悬于河上的枝头。沿水面低空直线飞行，飞行速度快。

蓝翡翠主要以小鱼、虾、蟹和水生昆虫等为食。也吃蛙和鞘翅目、鳞翅昆虫及其幼虫。

叫声：通常较为安静，受惊时尖声大叫。

27 | 普通翠鸟
Common Kingfisher

　　星星点点的冠羽、闪耀着金属光泽的翅膀、天蓝色的背，以及耳后靓丽的橙色，任何第一次透过望远镜看到普通翠鸟的人，都会折服于它的美貌。普通翠鸟是闽南地区的留鸟，几乎可以在任何一个干净的水域找到。普通翠鸟捕鱼时候的专注和精准往往令初次观鸟的人惊叹不已。

　　普通翠鸟体长15厘米。栖息于有灌丛或疏林、水清澈而缓流的小河、溪涧、湖泊以及灌溉渠等水域。常出没于开阔郊野的淡水湖泊、溪流、运河、鱼塘及红树林。栖于岩石或探出的枝头上，转头四顾寻鱼而入水捉之。经常长时间一动不动地注视着水面，一见水中鱼虾，立即以极为迅速而凶猛的姿势扎入水中用嘴捕取。

　　普通翠鸟主要以小鱼为食，兼吃甲壳类和多种水生昆虫及其幼虫，也吃小型蛙类和少量水生植物。

叫声：拖长音的尖叫声 tea-cher。

叫声：飞行或停于枝头时作粗声粗气的 kreck kreck 叫声。

28 三宝鸟
Dollarbird

　　身着蓝袍、烈焰红唇的三宝鸟是闽南地区山林中最靓丽的夏候鸟之一，在厦门的万石植物园就能见到。三宝鸟的名字源自日本——古代日本人白天看到三宝鸟，听到树丛中传来很像日文里"佛法僧"三个字发音的叫声，因为"佛、法、僧"是佛教所说的"三宝"，由此命名了三宝鸟。但实际上这是一个乌龙，古代日本人听到的，是在树丛里睡觉的红角鸮受到三宝鸟打搅后发出的"抗议"声。

　　三宝鸟体长 30 厘米。栖息于针阔叶混交林和阔叶林林缘路边及河谷两岸高大的乔木树上。常栖于近林开阔地的枯树上。觅食时常在空中来回旋转，通过不停地飞翔捕食，速度较快，猎获昆虫之后复返原来枝桠。

　　三宝鸟主要以昆虫为食。喜欢吃绿色金龟子等甲虫，也吃蝗虫、天牛、金花虫等。

29　冠鱼狗
Crested Kingfisher

　　冠鱼狗在闽南比较罕见，偶尔在山区较大的溪流边能够发现一两只。冠鱼狗属于佛法僧目的鸟类，和我们常见的三宝鸟、普通翠鸟、斑鱼狗等都是"亲戚"，与之关系最近的是在闽南海边和内陆湿地都相对常见的斑鱼狗。尽管斑鱼狗的个头比起冠鱼狗逊色很多，但冠鱼狗基本生活在内陆的淡水溪流环境，而且胆子很小，习性十分谨慎，远不如斑鱼狗招摇。看来个头和勇气未必成正比啊！

　　冠鱼狗体长41厘米。栖息于灌丛或疏林，以及水清澈而缓流的小河、溪涧、湖泊、灌溉渠等水域。多沿溪流中央飞行，一旦发现食物迅速俯冲，动作利落。平时常独栖在近水边的树枝顶上、电线杆顶或岩石上，伺机猎食。

　　冠鱼狗主要以小鱼为主，兼吃甲壳类和多种水生昆虫及其幼虫，也啄食小型蛙类和少量水生植物。

叫声：飞行时作尖厉刺耳的 aeek 叫声。

30 斑鱼狗
Pied Kingfisher

　　斑鱼狗也是一种"翠鸟"，尽管它没有其他翠鸟那样多姿多彩的羽色。然而黑白二色的它就像是从中国的水墨画里跳出来的，赢得了很多观鸟爱好者的喜爱。斑鱼狗在捕鱼的时候，经常在水面上空快速振动翅膀，以悬停的姿势俯视水面，一旦锁定目标，就猛地直扑下去，令围观的人都忍不住为之喝彩。

　　斑鱼狗体长 27 厘米。栖息于低山和平原溪流、河流、湖泊、运河等开阔水域岸边。成对或结群活动于较大水体及红树林，喜嘈杂。是唯一常盘桓水面寻食的鱼狗。

　　斑鱼狗食物以小鱼为主，兼吃甲壳类和多种水生昆虫及其幼虫，以及小型蛙类。

叫声：尖厉的哨声。

31 | 栗喉蜂虎
Blue-tailed Bee-eater

栗喉蜂虎被誉为厦门最美丽的夏候鸟。厦门市还专门建了骑马山保护小区（全国第一个建在市区内的鸟类保护小区）来保护它们在厦门岛上的一个繁殖地。栗喉蜂虎的主要食物是蝶、蝇、蜂等昆虫。随着城市开发，原先周边是乡野的骑马山，如今被高楼大厦包围，栗喉蜂虎们之所以没有放弃这个繁殖地，是因为直线距离一公里之外的五缘湾湿地公园为它们提供了重要的食物来源。

栗喉蜂虎体长 30 厘米。栖息于海拔 1200 米以下的开阔生境。结群聚于开阔地捕食。栖于裸露树枝或电线，懒散地迂回滑翔寻食昆虫。飞行技术高超，能在空中做出急速飞行、滑翔、悬停、急速回转和仰俯等高难度动作。

栗喉蜂虎主要以蜻蜓、蝴蝶、蜜蜂、甲虫、苍蝇等为食。

叫声：飞行时发出哀怨的颤声 kwink?kwink，kwink?kwink，kwink?kwink?kwink。

32 | 蓝喉蜂虎
Blue-throated Bee-eater

　　尽管蓝喉蜂虎是中国分布最广的一种蜂虎，但是夏季主要生活在长江中下游流域，在闽南并不常见。翠羽蓝巾的它看上去好像一个俏丽温柔的村姑，可是对于那些蜜蜂、蝴蝶、蜻蜓、苍蝇之类的小昆虫而言，它却是不折不扣的"猛虎"，一旦被盯上，就绝无生还的可能。蓝喉蜂虎与栗喉蜂虎习性相似，都是在土质的崖壁上打洞做窝，繁殖后代。右边这张图让我想起那句话："世上最远的距离，就是你我近在咫尺，却背向而视。"

　　蓝喉蜂虎体长 28 厘米。栖息于林缘疏林、灌丛、草坡等开阔地方，也出现于农田、海岸、河谷和果园等地，喜近海低洼处的开阔原野及林地。繁殖期群鸟聚于多沙地带。

　　蓝喉蜂虎主要以各种蜂类为食，也吃其他昆虫。喜呆于栖木上等待过往的昆虫。

叫声：飞行时发出 kerik?
kerik?kerik 的快速颤音。

33 红翅凤头鹃
Chestnut-winged Cuckoo

叫声：响亮而粗哑刺耳的 chee kek kek 声及一种呼啸声。

每年清明过后，厦门的五老峰一带的山中，经常会传出带有金属质感的"哥哥"的鸟叫声。寻声而觅，你很可能会在某一棵非常高大的树顶发现一只"凤冠"高耸、橘喉白腹，身上闪着红铜色光芒的长尾大鸟，这就是帅气的红翅凤头鹃。因为大树通常会遮挡住人们的视野，所以红翅凤头鹃并不容易见到，它们每年 4～10 月在闽南地区繁殖，那不知疲倦的叫声正是它们呼唤爱侣的情歌。

红翅凤头鹃体长 45 厘米。栖息于低山丘陵和山麓平原等开阔地带的疏林和灌木林中。

红翅凤头鹃主要以白蚁、毛虫、甲虫等昆虫为食，偶尔也吃植物果实。

34 | 噪鹃
Asian Koel

　　在春天的闽南，无论山林还是城市公园里，都能听到噪鹃彻夜不停地发出一声更比一声嘹亮的叫声。有的人说听了心惊肉跳，有的人说听了备觉哀伤，可在喜爱大自然的人听来，这正是春天的号角。雄性噪鹃浑身乌黑发亮，雌性噪鹃身上则布满了雪花点，不过它们都拥有红宝石一样的眼睛，仿佛能够看透世间的一切。

　　噪鹃体长 42 厘米。栖息于山地、丘陵、山脚平原地带林木茂盛的地方，如稠密的红树林、次生林、园林等。

　　噪鹃主要以榕树、芭蕉和无花果等植物果实为食，也吃毛虫、蚱蜢等昆虫及其幼虫。

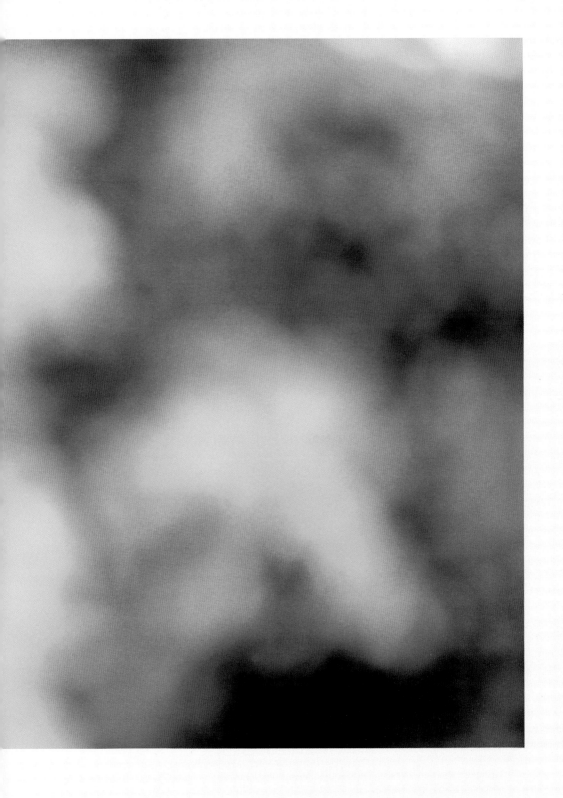

35 四声杜鹃
Indian Cuckoo

　　在中国，杜鹃既是鸟的名称，也是花的名称。据说古人认为杜鹃鸟唱歌唱到啼血，白色的花被鲜血染成了红色，遂称之为杜鹃花。其实杜鹃作为鸟，有大杜鹃、小杜鹃、中杜鹃、四声杜鹃、八声杜鹃等近十种，而杜鹃花则更是多姿多彩，常见有映山红、锦绣杜鹃等。四声杜鹃因为叫声是四个不同的音节而得名，听起来就像是在说"光棍好苦"。看来鸟儿也不愿意"单身"呢！

　　四声杜鹃体长 30 厘米。栖息于山地森林和山麓平原地带的森林中，尤以在混交林、阔叶林和林缘疏林地带活动较多。有时也出现于农田边的树上。游动性较大，无固定的居留地。

　　四声杜鹃主要以昆虫特别是毛虫为食。也吃植物种子。

叫声：响亮清晰的四声哨音 one more bottle，不断重复，第四声较低，常在晚上叫。

叫声：似戴胜叫声但常有带喉音过门的 kkukh，有时后面还接着一连串平静的 bu bu 声。

36　中杜鹃
Oriental Cuckoo

　　中杜鹃在闽南地区夏季偶有记录。杜鹃类的鸟都不会自己养育后代，而是将卵产在附近其他鸟的巢中，由它们代为抚养。但是杜鹃妈妈自己并不是什么都不管，它其实一直在附近看着自己孩子的出生、发育和成长，等到幼鸟在义母的哺育下长到可以飞的时候，它就过去带孩子远走高飞。中杜鹃和大杜鹃以及四声杜鹃外表很相似，但胸口的横斑粗一些，不认真看还真不好分辨。好在不同种类的杜鹃叫声差别很大，所以也不容易混淆。叫声也是杜鹃父母和寄生在别人巢中的杜鹃雏鸟建立联系的重要方式。

　　中杜鹃体长 26 厘米。栖息于山地针叶林、针阔叶混交林和阔叶林等茂密的森林中，性较隐匿，常常仅闻其声。

　　中杜鹃主要以昆虫为食。尤其喜食鳞翅目幼虫和鞘翅目昆虫。

叫声：为两个音节"布谷"或
"布谷－布谷"；通常只在繁殖
地才能听到。

37 | 大杜鹃
Eurasian Cuckoo

　　大杜鹃是中国北方的常见鸟，在闽南并不多，偶尔能看到它们站在乡野的电线上，不知疲倦地发出独有的、节奏感强烈的叫声"布谷布谷"。杜鹃类的鸟自己不会孵卵，总是将蛋下在别的小鸟的巢里，然后守在巢周围，等待杜鹃宝宝被养父母饲养长大后再带离。这种寄生策略让它们成为不受欢迎的邻居，所以很多小鸟一旦发现大杜鹃出现在自己的巢区附近，就会拼命去驱赶它们，然而以大杜鹃为代表的杜鹃们十分狡猾，经常会佯装离去，然后躲在暗中观察，趁其他鸟类出去觅食之际，迅速飞到它们的巢中下蛋。

　　大杜鹃体长32厘米。栖息于山地、丘陵和平原地带的森林中，有时也出现于农田和居民点附近高的乔木树上。喜开阔的有林地带及大片芦苇地。飞行急速，循直线前进，在停落前，常滑翔一段距离。

　　大杜鹃主要以松毛虫、五毒蛾 、松针枯叶蛾，以及其他鳞翅目幼虫为食。也吃蝗虫、步行甲、叩头虫、蜂等其他昆虫。

38　乌鹃
Drongo Cuckoo

咋一看，乌鹃和浑身乌黑的黑卷尾颇为相似，然而它们的气质完全不同。黑卷尾是鸦科的鸟类，浑身上下都散发着霸道气质，任何胆敢闯入领地的鸟儿，即便是猛禽，也照样会挨揍。乌鹃则是乖乖仔，通常都是安安静静地待在枝头，叫声也温柔得很。其实只要仔细看，你会发现乌鹃其实穿着缀满小星星的"裙子"，并非漆黑一团。乌鹃和黑卷尾让我明白，很多时候在相似的外表之下有着完全不同的内涵。观鸟就是这样提醒着我们——人不可貌相。

叫声：叫声响亮清晰，由 4~6 个均匀的 pi 声平稳上升，之前有过门声；也作一连串快速颤音，升至最后三个音而降调。

乌鹃体长 23 厘米。栖于林中、林缘及次生灌丛，常停息在乔木中上层顶枝间鸣叫，有时也活动于竹林中，在树上活动和栖息。飞行时无声无息，呈波浪起伏式飞行，紧迫时也能快速地直线飞行。站立时姿式较垂直。性羞怯。外形似卷尾，但姿势、动作及飞行均不同。

乌鹃以昆虫为食，偶尔也吃植物果实和种子。

39 褐翅鸦鹃
Greater Coucal

国家二级保护动物。

　　尽管褐翅鸦鹃是国家二级保护动物，但是由于其个体硕大，被民间称为"大毛鸡"，且因为被谬传具有很高的药用价值，所以在很多地区遭到了大肆非法捕杀。幸运的是，褐翅鸦鹃在福建省内目前分布较广，数量也较多。褐翅鸦鹃经常会发出低沉的犹如冒水泡一般的"咕""咕"声，在闽南乡村游玩的时候，若听到这样的声音，你只要能够耐心一小会儿，多半就有机会看到一只通体发黑，翅膀却如盛开的赭红色大丽花的褐翅鸦鹃从你面前急急飞过。希望这种美丽的大鸟永远都能幸福地生活在我们身边

褐翅鸦鹃体长 52 厘米。栖息于 1000 米以下的低山丘陵和平原地区的林缘灌丛、稀树草坡、河谷灌丛、草丛和芦苇丛中，喜林缘地带、次生灌木丛、多芦苇河岸及红树林。飞行时急扑双翅，尾羽张开，上下摆动，速度不快，通常飞不多远又降落在矮树上。

褐翅鸦鹃食性较杂，主要以毛虫、蝗虫、蚱蜢、象甲、蜚蠊、蚁和蜂等昆虫为食，也吃蜈蚣、蟹、螺、蚯蚓，以及蛇、蜥蜴、鼠和雏鸟等脊椎动物，有时还吃一些杂草种子和果实等植物性食物。

40 | 红角鸮 (xiāo)
Scops Owl

国家二级保护动物。

红角鸮在闽南地区是留鸟。虽然很少有观察记录，但其数量可能并不太小，因为它是夜行性鸟类，白天基本躲在大树上睡觉，纹丝不动，很难被发现。很多绿化比较好的城市小区都可能是它日常生活的地方。红角鸮个头不大，所以只能捕食一些小型的夜行动物和昆虫。

红角鸮体长 20 厘米。纯夜行性的小型角鸮，喜有树丛的开阔原野。

红角鸮主要以小鼠、鸟类、昆虫和蛙类为食。

叫声：深沉单调的 chook 声，约三秒钟重复一次，声似蟾鸣；雌鸟叫声较雄鸟略高。

41 领角鸮 (xiāo)
Collared Scops Owl

国家二级保护动物。

　　在闽南地区，无论是哪一种猫头鹰都很不容易见到。夜晚才进入活跃期的领角鸮，有好几次在大白天被厦门市民发现在小区里的树枝上睡觉。闻讯而来的好奇市民蜂拥而至，不免有些打搅到它们。不过见过世面的领角鸮只是打着哈欠睁开眼睛看一下吵吵嚷嚷的人群就继续埋头大睡。或许它心里清楚这些人仅仅是好奇，并无恶意吧。它就那样一动也不动，人群觉得无趣渐渐散去，只有我们这些野鸟摄影爱好者和观鸟爱好者们，远远地透过长焦镜头或者望远镜，静静地用目光继续与它相伴。

　　领角鸮体长 24 厘米。栖息于山地阔叶林和混交林中，也出现于山麓林缘和村寨附近树林内。大部分夜间栖于低处。夜行性，白天多躲藏在树上浓密的枝叶间，晚上才开始活动和鸣叫。

　　领角鸮主要以鼠类、蝗虫等为食。从栖处跃到地面捕捉猎物。

叫声：鸣声低沉，为"不、不、不、不"或"bo-bo-bo"的单音，常重复4~5次。

42　东方角鸮 (xiāo)
Oriental Scops Owl

国家二级保护动物。

　　东方角鸮个头也就两个拳头大小，和领角鸮一样都是夜习性的，白天能够看到它纯属意外。东方角鸮选择的休憩点往往非常隐秘，如果不是巧合，正好抬头从某一个很特别的角度望见，单单是枝叶的遮挡就足以让它们"隐身"了。眼睛明黄色，不睁则已，一旦睁开，就有一种令人无法忘记的魅惑力。

　　东方角鸮体长 19 厘米。栖息于山地林间，喜有树丛的开阔原野。晨昏和夜间于林缘、林中空地及次生植丛的小矮树上捕食。

　　东方角鸮主要以昆虫、鼠类、小鸟为食。

叫声：粗喉音的 toik-toitoink
或 toik toik tatoink 声，重音在
最后一个音节。

43 雕鸮 (xiāo)
Eurasian Eagle Owl

国家二级保护动物。

　　成年雕鸮个头硕壮，雄鸟差不多有 70 厘米大小。雕鸮是少数主要在白天活动的猫头鹰之一，拥有超群的飞行能力。拥有发达的耳羽和橘红色大眼睛的它，喜欢将家建在视野开阔的岩壁凹处——选址简单又霸气。它蹲在家门口，左右摇摇脑袋俯瞰着山谷，威风凛凛，好像眼前所见都是它的领地。

　　雕鸮体长 69 厘米。栖息于山地森林、平原、荒野、林缘灌丛、疏林，以及裸露的高山和峭壁等各类环境中，活动在人迹罕至的偏僻之地。飞行时缓慢而无声，通常贴着地面飞行。

　　雕鸮食性很广，主要以各种鼠类为食，被誉为"捕鼠专家"。也吃兔、蛙、刺猬、昆虫、雉鸡和其他鸟类。

叫声：沉重的 poop 声，嘴叩击出嗒嗒声。

叫声：昼夜发出圆润的单一哨音 pho, pho-pho pho。

44 ｜ 领鸺鹠 (xiū liú)
Collared Owlet

国家二级保护动物。

　　第一次见到领鸺鹠的时候，我简直不敢相信眼前这个像一颗松果的鸟，竟然是只猛禽。领鸺鹠会捕食小型鸟类的幼雏，所以在鸟类繁殖季会被森林里几乎所有小型鸟类视为仇敌。那些正在育雏的鸟儿一旦发现领鸺鹠出现在自家巢穴附近，一定会不遗余力地驱赶它，还会向其他鸟类发出报警的声音，甚至会和其他鸟类齐心协力对付它。

　　领鸺鹠体长 16 厘米，是中国最小的一种猫头鹰。栖息于山地森林和林缘灌丛地带。主要在白天活动，夜晚栖于高树，由凸显的栖木上出猎捕食。飞行时振翼极快。

　　领鸺鹠主要以昆虫和小型鼠类为食，也吃小鸟和其他小型动物。

叫声：多在夜间和清晨鸣叫，不同于其他鸮类，晨昏时发出快速的颤音，调降而音量增；另发出一种似犬叫的双哨音，音量增高且速度加快，反复重复至全音响。

45 ｜ 斑头鸺鹠 (xiū liú)
Barred Owlet

国家二级保护动物。

　　斑头鸺鹠在闽南地区是留鸟，通常都是在夜晚才活跃，所以人们在白天不容易发现它。田野中的老鼠们是它喜欢的猎物。然而随着城市化发展、农田面积减小、森林多样性降低，斑头鸺鹠的食物来源越来越少，我们越来越难觅其踪。真担心有一天，我们只能通过照片才能看到这种有着圆圆大脑袋的可爱的鸟了。

　　斑头鸺鹠体长 24 厘米。栖息于从平原、低山丘陵到海拔 2000 米左右的中山地带的阔叶林、混交林、次生林和林缘灌丛。

　　斑头鸺鹠能像鹰一样在空中捕捉小鸟和大型昆虫，主要以各种昆虫为食，也吃鼠类、小鸟、蚯蚓、蛙和蜥蜴等动物。

46 | 鹰鸮 (xiāo)
Brown Hawk Owl

国家二级保护动物。

    鹰鸮通常在闽南地区是过境鸟，习惯于夜间迁徙飞行的它，白天通常会一动也不动地在树枝上养精蓄锐。偶尔它会被周围的动静惊扰而睁开眼睛，这时候，你会发现用国产动画片《黑猫警长》里的歌词"眼睛瞪得像铜铃"这句话描述它再合适不过了。

    鹰鸮体长 30 厘米。栖息于山地阔叶林中，也见于灌丛地带。喜欢在夜间和晨昏活动，飞行迅捷无声，生性活跃，黄昏前活动于林缘地带，飞行追捕空中昆虫。

    鹰鸮主要以鼠类、小鸟和昆虫等为食。

叫声：不时鸣叫，尤其是月悬空中时；圆润的升调假嗓哨声 pung-ok，第二音短促而调高，每一两秒钟重复一次，有时持续很长时间，通常于晨昏时分鸣叫。

47 短耳鸮 (xiāo)
Short-eared Owl

国家二级保护动物。

　　中国境内的短耳鸮通常在东北繁殖，冬季则几乎遍布各地。但是在闽南地区短耳鸮罕见，这是由于它喜欢将自己的身躯隐藏在高高的草丛中，然后伺机觅食。短耳鸮的耳羽比较小，几乎看不到，所以显得脑袋圆滚滚的。短耳鸮圆润的翅膀宽大有力，飞起来又十分安静；飞行技能高超，草地里啮齿类小动物一旦被盯上，基本无法逃脱被捕食的命运。

　　短耳鸮体长 38 厘米。生活在低山、丘陵、苔原、荒漠、平原、沼泽、湖岸和草地等各类生境中。尤以开阔平原草地、沼泽和湖岸地带多见。飞行时不慌不忙，不高飞，多贴地面飞行。

　　短耳鸮主要以小鼠、鸟类、昆虫和蛙类为食。

叫声：飞行时发出 kee-aw 吠声，似打喷嚏。

叫声：生硬、尖厉而高速重复的 chuck 声，每秒约六次的稳定频率，以 chrrrr 声结尾。

48 | 普通夜鹰
Grey Nightjar

普通夜鹰尽管有一张奇特的大嘴，但既不像西方文化中所说的"夜莺"那样会唱出很动听的歌声，也不像某些"老鹰"那样是以肉食为主的猛禽。夏夜，蚊虫受到灯光的吸引容易聚集的路灯下飞舞，普通夜鹰张开它巨大的嘴巴，一次就可以吃个饱。普通夜鹰的保护色非常好，白天趴在树干上休息的它经常被误认为是树枝的一部分，因此很难被发现。通常都是因为有时候它实在太大意，比如把光秃秃的水泥杆当作树枝趴在了上面，才会被我们发现。

普通夜鹰体长 28 厘米。栖息于海拔 3000 米以下的阔叶林和针阔叶混交林；也出现于针叶林、林缘疏林、灌丛和农田地区竹林和丛林内。白天栖于地面或横枝。黄昏时最为活跃，不停地在空中回旋飞行捕食。飞行快速而无声。

普通夜鹰主要以天牛、金龟子、甲虫、夜蛾、蚊、蛉等昆虫为食。

49 | 山斑鸠 (bān jiū)
Oriental Turtle Dove

　　山斑鸠很时髦，穿着漂亮的花衣裳，脖子上还有几条黑白相间的"文身"；山斑鸠的胆子又很小，虽然我们经常可以在闽南地区的山林里遇见它，却很少有机会能够靠近它，通常一看到人，它就急急忙忙飞走了。也许此刻图中的它正以水为镜，观影自赏，觉得自己美美的，才舍不得离开吧。

　　山斑鸠体长32厘米。栖息于低山丘陵、平原和山地阔叶林、混交林、次生林、果园和农田耕地以及宅旁竹林和树上。

　　山斑鸠主要吃各种野生植物的果实、种子、嫩叶，也吃农作物，如稻谷、玉米、高粱等，有时也吃鳞翅目幼虫及其他昆虫。

叫声：悦耳的 kroo kroo-kroo kroo。

50 | 火斑鸠 (bān jiū)
Red Collared Dove

　　火斑鸠的个头比山斑鸠和珠颈斑鸠小，外表独树一帜——每到繁殖季节浑身就会变得红通通的。火斑鸠在闽南地区并不算常见，所以颇受观鸟爱好者们的青睐。火斑鸠性格比较温顺，喜欢一动不动地蹲在高高的枝头，摆出一副"事不关己，高高挂起"的表情。

　　火斑鸠体长 23 厘米。栖息于开阔的田野、果园、山麓疏林及宅旁竹林地带，也出现于低山丘陵和林缘地带。喜欢栖息于电线上或高大的枯枝上。飞行甚快，常发出"呼呼"的振翅声。

　　火斑鸠主要以野生植物种子和果实为食，也吃稻谷、玉米、高粱、油菜籽等农作物种子，有时也吃白蚁、蛹等动物性食物。

叫声：深沉的 cru-u-u-u-u 声，重复数次，重音在第一音节。

叫声：轻柔悦耳的 ter-kuk-kurr 反复重复，最后一个音节加重。

51 珠颈斑鸠 (bān jiū)
Spotted Dove

　　珠颈斑鸠是闽南非山区最常见的斑鸠，因为脖子布满了犹如珍珠一样的斑点而得名。珠颈斑鸠在人居环境中生活得游刃有余，经常能听到它们在市民家阳台上做窝的新闻。珠颈斑鸠也是闽南地区城市里最常见的鸟儿之一，春季的行道树上，经常传来"咕咕咕咕"低沉的叫声，就是它为了召唤情侣在唱歌。

　　珠颈斑鸠体长30厘米。栖息于有稀疏树木生长的平原、草地、低山丘陵和农田地带，也常出现于村庄附近的杂木林、竹林及地边树上或住家附近。珠颈斑鸠主要以植物种子为食，特别是农作物种子，如稻谷、玉米、小麦、豌豆、黄豆、菜豆、油菜籽、芝麻、高粱、绿豆等。

52 | 绿翅金鸠 (jiū)
Emerald Dove

　　绿翅金鸠的金并非指金黄色，而是指金红色，配上一双异常翠绿的翅膀，真想不通造物主当初究竟是出于怎样的审美考虑搭配出这样的效果。绿翅金鸠在闽南是留鸟，但数量并不多，每次在山里偶遇绿翅金鸠的时候，尽管我觉得它那大红大绿的"妆扮"有些滑稽，却也情不自禁地眼前一亮，忍不住拿起相机拍个不停。

　　绿翅金鸠体长约 25 厘米。栖息于山地及山沟等处。通常单个或成对活动于森林下层植被浓密处。极快速地低飞，穿林而过，起飞时振翅有声。

　　绿翅金鸠主要以各种植物果实与种子为食，也吃昆虫。

叫声：深柔哀婉的拖长双音 tuk-hoop，重音在第二音节。

53 ｜ 蓝胸秧鸡
Slaty-breasted Rail

　　蓝胸秧鸡是闽南地区罕见的留鸟。一方面是因为它们喜欢生活的湿地环境，尤其是稻田湿地和芦苇等挺水植物丛生的淡水湿地，在不断减少；另一方面是因为蓝胸秧鸡性格十分谨慎，除了在晨昏之际稍微活跃，通常行动隐秘，最多走到湿地植被的边缘地带活动一番，稍有动静即刻钻进密匝的植物丛中，令人很难有机会一窥芳容。能够拍到这两张照片真的是很幸运的事情。

　　蓝胸秧鸡体长29厘米。栖息于水田、溪畔、水塘、湖岸、水渠和芦苇沼泽地带及其附近灌丛与草丛中，也出现于海滨和林缘地带沼泽灌丛中。性羞怯，善奔跑。游泳和潜水本领很好。

　　蓝胸秧鸡主要以小型水生动物如虾、蟹、螺以及昆虫如金龟子、蚂蚁等为食。

叫声：尖厉生硬的双音节 terrek 或 kech, kech, kech 声，重复10～15次，开始时弱，逐渐增强，复又减弱。

叫声：轻柔的 chip chip chip 叫声，及怪异的猪样嗷叫及尖叫声。

54　普通秧鸡
Water Rail

　　名字中带有普通二字的普通秧鸡其实一点儿都不普通。天性警觉的它通常只会偶尔出现在湿地植被的边缘，而一旦它进入了密集的草丛，人们就很难再找到它的身影了。有幸拍到这样的画面是因为当时拍摄者躲在伪装帐篷后面，它才肯如此"暴露"。"秧鸡"与我们通常所说的"鸡"不同，顾名思义，秧鸡喜欢出没在有"秧苗"的、类似水稻田的湿地环境中，所以这是一类不怕水的"鸡"，也是一类会游泳的"鸡"。

　　普通秧鸡体长 29 厘米。性羞怯。栖息于水边植被茂密处、沼泽及红树林。善游泳和潜水，但飞行的时候不多。

　　普通秧鸡属于杂食性鸟类，动物性食物有小鱼、蚯蚓、蚂蟥、虾、蜘蛛、昆虫及其幼虫，也吃被杀死或腐烂的小型脊椎动物；植物性食物有嫩枝、根、种子、浆果等。

55 红脚苦恶鸟
Brown Crake

红脚苦恶鸟也是一种秧鸡，相比普通秧鸡，胆子要大得多，数量也多得多。在闽南山区的水稻田里比较常见，之所以名字里有奇怪的"苦恶"两个字，是因为这种鸟的叫声很像一个爱抱怨的人，整天在叫"苦啊，苦啊"，所以我们的祖先就给它起了这样一个特别的名字。

红脚苦恶鸟体长 28 厘米。栖息于平原和低山丘陵地带的长有芦苇或杂草的沼泽地和有灌木的高草丛、竹丛、湿灌木、水稻田、甘蔗田中。尾不停地抽动。飞行无力，但善于步行、奔跑及涉水。

红脚苦恶鸟杂食性，主要以昆虫、软体动物、蜘蛛、小鱼等为食，也吃草籽和水生植物的嫩茎和根。

叫声：拖长颤哨音，降调。

叫声：单调的 uwok-uwok 叫声；黎明或夜晚数鸟一起作喧闹而怪诞的合唱，声如 turr-kroowak，per-per-a-wak-wak-wak 及其他声响。

56　白胸苦恶鸟
White-breasted Waterhen

　　白胸苦恶鸟在厦门地区比红脚苦恶鸟更常见一些，几乎所有湿地植被发育良好的地方都能找到它。因为白胸苦恶鸟通常单个活动，多在开阔地带进食，所以较其他秧鸡类常见。白脸白肚皮的它看上去有些滑稽，但它不紧不慢的动作其实很优雅。白胸苦恶鸟的屁股是棕红色的，在绿色为主的草丛里很显眼，而且经常一边走一边不停地翘几下，这种习性是为了保证在茂密的湿地植物中，幼鸟跟在父母后面时，有一个"信号灯"，不易走丢。

　　白胸苦恶鸟体长 33 厘米。栖息于平原和低山丘陵地带长有芦苇或杂草的沼泽地和有灌木的高草丛、竹丛、湿灌木丛及水稻田、甘蔗田中，不善长距离飞行。

　　白胸苦恶鸟为杂食性鸟类，主要以昆虫、软体动物、蜘蛛、小鱼等为食，也吃草籽和水生植物的嫩茎和根。

叫声：干哑的降调颤音，似青蛙或雄性白眉鸭。

57 | 小田鸡
Baillon's Crake

　　小田鸡真的很小，个头和小鸡仔差不多。也许是因为它太弱小了吧，所以小田鸡一身的保护色堪称完美。如果不是它的移动引起了水面的涟漪，人们通常根本就不会发现近在咫尺的它。小田鸡就像缩小版的普通秧鸡，习性也差不多。水生昆虫及其幼虫是它最主要的觅食对象。

　　小田鸡体长 18 厘米。栖息于沼泽型湖泊及多草的沼泽地带。快速而轻巧地穿行于芦苇中，很少游泳，极少飞行。

　　小田鸡杂食性，主要以水生昆虫和它们的幼虫为觅食对象。

58 | 董鸡
Watercock

　　董鸡在闽南地区非常罕见，尽管它也是属于秧鸡科的一种鸟类，不过相比于蓝胸秧鸡、黑水鸡、白胸苦恶鸟等秧鸡而言，它的生活环境要稍微干燥一些，所以在临水的草地上、收割后的稻田里更有可能会遇到它们。董鸡外形最奇特的地方之一就在于雄鸟头顶有一块红色的骨板（雌鸟没有）。图片中就是一只雄鸟。

　　董鸡体长 40 厘米。栖息于水稻田、沼泽、水边草丛和富有水生植物的浅水渠中。常在浅水中涉水取食，行走时尾翘起，一步一点头。站立姿势挺拔；飞行时颈部伸直，较少起飞。

　　董鸡主要吃种子和绿色植物的嫩枝、水稻，也吃蠕虫和软体动物、水生昆虫及其幼虫以及蚱蜢等。

叫声：于夏季巢区作深沉吟叫，但冬季常寂静无声。

59 ｜ 紫水鸡
Purple Swamphen

　　2013 年紫水鸡在厦门时隔百年后重新被观察记录到，轰动一时。厦门人民为了留住这种最美丽的的秧鸡，还专门成立了一个保护小区，让它们可以在这里安心生活。阳光下绚烂的蓝紫色羽毛和鲜红的大嘴让人过目难忘。紫水鸡曾经遍布中国东南部，但是由于城市化的快速发展，其赖以生存的以天然芦苇、水烛等为主体植物的湿地大面积消失，所以变得处境艰难。

　　紫水鸡体长 42 厘米。栖于多芦苇的沼泽地及湖泊，在水上漂浮植物及芦苇地中行走。尾上下抽动。善行走和在地面奔跑，不善飞翔，亦很少游泳。但有季节性随栖息地条件变化而进行的局部迁移现象，在有些地区冬季会向南迁飞。

　　紫水鸡杂食性，但主要以植物为食，吃水生和半水生植物的嫩枝、叶、根、茎、花和种子。

叫声：咕咕咯咯叫个不停；另有带鼻音的号角声 wak。

60 | 黑水鸡
Common Moorhen

黑水鸡是闽南地区最常见的秧鸡，红脑袋、黑羽毛、白屁股，配色鲜明，令人过目难忘。黑水鸡具有强大的适应能力，稍微开阔的水域，只要岸边有适量的草地或者挺水植物能让它在必要的时候隐匿起来，它就能生活得悠哉悠哉。相比较其他秧鸡，黑水鸡可是算得上"胆大包天"——它与人类的警戒距离有时候甚至可以近到五米以内。

黑水鸡体长 31 厘米。栖息于灌木丛、蒲草丛、苇丛，多见于湖泊、池塘及运河边。善潜水，多成对活动，于陆地或水中尾不停上翘。不善飞，起飞前先在水上助跑很长一段距离。

黑水鸡主要以水草、小鱼虾、水生昆虫等为食。

叫声：响而粗的嘎嘎作叫 pruruk-pruuk-pruuk。

61 | 白骨顶
Common Coot

　　白骨顶比黑水鸡大一些，和家鸭的个头差不多，脑袋上的骨板呈现牛角白色。黑水鸡一年四季都能在闽南看见，白骨顶来闽南却只是为了越冬。白骨顶喜

叫声：多种响亮叫声及尖厉的 kik kik。

欢群居，只有面积很大的开阔水域才是它们喜欢待的地方。十几年前在厦门的一些湖泊里可以看到数千只白骨顶齐聚的壮观场面，但是城市化高度发达的今天，湖泊周围大多已被高楼环绕，这大大降低了白骨顶们的安全感，那种场面也就再也见不到了。

白骨顶体长 40 厘米。栖息于低山丘陵和平原草地，甚至荒漠与半荒漠地带的各类水域中，其中尤以富有芦苇、三棱草等水边挺水植物的水域和深水沼泽地带最为常见。常潜入水中在湖底找食水草。起飞前在水面上长距离助跑。

白骨顶杂食性，主要吃小鱼，虾，水生昆虫，水生植物嫩叶、幼芽、果实，以及其他各种灌木浆果与种子。

叫声：被赶时常悄然无声，但偶尔发出快速的 etsh-etsh-etsh 声；占域飞行时雄鸟发出 oo-oort 的嘟哝声，紧接着发出具爆破音的尖叫。

62 | 丘鹬
Eurasian Woodcock

　　大多数的鸻鹬类都生活在沿海或者内陆较大面积的淡水湿地周围，丘鹬却是个例外。丘鹬更喜欢待在丘陵地区并因此而得名，附近只要有小小的一片湿地环境能供它沐浴和饮水就够了。所以不难理解，为什么丘鹬身上的颜色更接近泥土的黄褐色而不是滩涂的灰褐色。丘鹬在闽南地区的记录不多，一部分原因是因为它的隐蔽性太好了，所以很难被发现。

　　丘鹬体长 35 厘米。栖息于阴暗潮湿、林下植物发达、落叶层较厚的阔叶林和混交林中，有时也见于林间沼泽、湿草地和林缘灌丛地带。属于夜行性的森林鸟。白天隐蔽，伏于地面，夜晚飞至开阔地进食。飞行快而灵巧。

　　丘鹬主要以鞘翅目、双翅目、鳞翅目昆虫，蚯蚓，蜗牛等为食，有时也食植物根、浆果和种子。

63 | 扇尾沙锥
Common Snipe

　　扇尾沙锥的嘴又直又长，觅食的时候总是不停地将长嘴刺向湿地中，然后借助嘴上的感受器来觅食，看上去就像是在不停地点头如捣蒜，滑稽可爱。农田、湿地边缘、浅河滩，只要有合适的生存环境，扇尾沙锥就有可能存在，良好的保护色对它的生存起到了至关重要的保护作用。

　　扇尾沙锥体长 26 厘米。尤其喜欢富有植物和灌丛的开阔沼泽和湿地。飞行敏捷而疾速，常直上直下，飞行中多次急速转弯，作"锯齿形"飞行。

　　扇尾沙锥主要以蚂蚁、金针虫、小甲虫等昆虫，蠕虫，蜘蛛，蚯蚓等为食。

叫声：为响亮而有节律的 tick-a, tich-a, tich-a 声，常于栖处鸣叫；被驱赶而告警时发出响亮而上扬的大叫声 jett jett。

64 | 黑尾塍鹬 (chéng yù)
Black-tailed Godwit

　　黑尾塍鹬属于个头较大的一类鹬鸟，黑长的大嘴以及与此相连的黑色过眼纹，让它看上去显得古板沉闷。黑尾塍鹬是长途迁徙的好手，它既不在中国繁殖，通常也不在中国大陆地区越冬，只有在春秋的迁徙季节，会沿着中国海岸线的滨海湿地做短暂的停留，以便补充营养好继续完成未尽的旅程。因此随着近年来中国沿海滩涂面积的快速减少，黑尾塍鹬的数量也在持续下降。

　　黑尾塍鹬体长 42 厘米。栖息于平原草地、沼泽、湿地、湖边和沿海泥滩。喜淤泥，有时头的大部分都埋在泥里。在中国主要为过境鸟。

　　黑尾塍鹬主要以水生和陆生昆虫、甲壳和软体动物为食。

叫声：通常无声，飞行时偶尔发出响亮的 wikka wikka wikka 或 kip-kip-kip 声。

叫声：少叫，偶然发出深沉的鼻音 kurrunk 或清晰的双音节吠声 kak-kak，飞行时发出轻柔的 kit-kit-kit-kit 声。

65 斑尾塍鹬 (chéng yù)
Bar-tailed Godwit

　　斑尾塍鹬的嘴前黑后粉，微微上翘，不像黑尾塍鹬是笔直的。斑尾塍鹬是著名的"飞行大师"。2007 年，一只编号为 E7 的雌性斑尾塍鹬被科学家们发现在 8 天多的时间里，不吃不喝，不间断飞行了约 7200 英里（约 11587 千米），从美国的阿拉斯加直接飞到南半球的新西兰。创造了人类已知的鸟类迁徙时的飞行记录。

　　斑尾塍鹬体长 40 厘米。栖息在沼泽湿地、稻田与海滩。进食时头部动作快，大口吞食，头深插入水。

　　斑尾塍鹬主要以甲壳动物、蠕虫、昆虫、植物种子为食。

叫声：飞行或成群进食时发出叽喳的 te-te-te 声，告警时发出嘶哑的 chay-chay-chay 声。

66 小杓鹬 (sháo yù)
Little Curlew

　　小杓鹬在闽南处于过境鸟。小杓鹬的几个"亲戚"，比如白腰杓鹬、中杓鹬和大杓鹬，它们都喜欢生活在滨海湿地，将滩涂当作食堂；而小勺鹬虽然也沿着海岸线迁徙，但对滩涂并没有什么兴趣，它更喜欢在草地上寻找昆虫作为美餐。你看它此刻全神贯注的模样，对趴在地上拍摄它的摄影师完全无睹！

　　小杓鹬体长 30 厘米。栖息在湖边、沼泽、河岸及附近的草地和农田。

　　小杓鹬以昆虫、小鱼、小虾等为食，也吃藻类和植物种子。

67 | 中杓鹬 (sháo yù)
Whimbrel

中杓鹬的头顶有三道明显的纵纹，看上去就像是顶着块小小的西瓜皮。它的嘴比小杓鹬要长，不过和大杓鹬以及白腰杓鹬相比就不算什么了。中杓鹬的习性也介于小杓鹬和另外两种杓鹬之间，红树林中的昆虫和周边滩涂中的底栖生物都是它喜爱的食物。

中杓鹬体长43厘米。栖息在沿海泥滩、河口潮间带、沿海草地、沼泽及多岩石海滩。

中杓鹬主要以昆虫、甲壳和软体动物等为食。

叫声：独特的高声平调哨音，如马嘶he-he-he-he-he-he-he。

68 | 大杓鹬 (sháo yù)
Far Eastern Curlew

　　大杓鹬主要在滩涂上觅食，是个头最大的鸻鹬类，它那弯弯长长的大嘴只有白腰杓鹬能与之媲美。滩涂中的小螃蟹遇到它基本是无处可逃。相对而言，大杓鹬比较喜欢独来独往，而白腰杓鹬更喜欢群居的生活。

　　大杓鹬体长 63 厘米。栖息于低山丘陵和平原地带的河流、湖泊、芦苇沼泽、水塘，以及湿草地和水稻田边。喜潮间带河口、河岸及沿海滩涂，常在近海处活动。飞行时两翅鼓动缓慢，但飞得较快。

　　大杓鹬主要以甲壳、软体动物，蠕形动物，昆虫为食。有时也吃鱼类、爬行类和无尾两栖类等脊椎动物。

叫声：响亮而哀伤的升调哭腔 cur-lew，似白腰杓鹬但音调平缓，如 coor-ee；不安时发出刺耳的 ker ker-ke-ker-ee 声。

69 鹤鹬 (hè yù)
Spotted Redshank

在闽南很少有机会能看到图中这样的鹤鹬，因为这是它繁殖季节才会换上的盛装，像一位爱抹口红的非洲女性。我在闽南看到它的时候，它一身淡灰色的模样，不过嘴和长腿都依然是红艳艳的，相当出彩。也正因为如此，很容易与另一种红嘴红腿的红脚鹬相混淆。如果你留意一下嘴的颜色，就会发现鹤鹬是上喙黑下喙前黑后红，而红脚鹬上下喙都是前黑后红。

鹤鹬体长 30 厘米。在繁殖期主要栖息于北极冻原和冻原森林带，常在冻原上的湖泊、水塘、河流岸边和附近沼泽地带活动；非繁殖期则多栖息和活动在淡

叫声：飞行或歇息时发出独特的、具爆破音的尖哨音 chee-wik；告警时发出较短的 chip 声。

水或咸水湖泊、河流沿岸，河口沙洲，海滨和附近沼泽及农田地带。喜鱼塘、沿海滩涂及沼泽地带。飞翔时红色的脚伸出尾外，与白色的腰和暗色的上体形成鲜明对比。

　　在水边沙滩、泥地、浅水处和海边潮间地带边走边啄食，有时进入水深到腹部的深水中，从水底啄取食物。主要以甲壳动物、软体动物、蠕形动物、水生昆虫为食。

叫声：飞行时发出降调的悦耳哨音 teu hu-hu，在地面时作单音 teyuu。

70 | 红脚鹬 (yù)
Common Redshank

　　在闽南地区记录到的红脚鹬数量要远大于鹤鹬，原因尚不清楚。在阳光下，红脚鹬腿上的鲜红色十分抢眼，这在中鸻鹬类身上难得一见。大多数鸻鹬类身上的颜色都很暗淡，因为它们的觅食地多为滩涂，属于暴露的环境，容易被一些天敌如天空中的猛禽发觉。褐黄色、灰黑色等背部羽色，能够让鸻鹬类更好地隐藏自己。

　　红脚鹬体长 28 厘米。栖息于沼泽、草地、河流、湖泊、水塘、海滨、河口沙洲等水域或水域附近湿地上。喜泥岸、海滩、盐田、干涸的沼泽及鱼塘、近海稻田。飞翔力强，受惊后立刻冲起，从低至高成弧状飞行，边飞边叫。

　　红脚鹬主要以甲壳动物、软体动物、环节动物、昆虫等各种小型陆栖和水生无脊椎动物为食。

71 | 泽鹬 (yù)
Marsh Sandpiper

　　泽鹬拥有鸻鹬类中看上去最纤细的嘴。它的习性和其他的鸻鹬类差别并不大，嘴细虽然导致力量不足，但是带来的好处是更精准，所以一些水面上的小虫子就很难逃脱了。在同一片滩涂或者湿地水域，我们经常会发现同时有很多种鸻鹬类在觅食，而且它们的嘴型都不太一样。这样就可以分别占据食物链中不同的生态位，有效地减少了彼此之间的直接竞争。

　　泽鹬体长 23 厘米。栖息于湖泊、河流、芦苇沼泽、水塘、河口和沿海沼泽与邻近水塘和水田地带，喜湖泊、盐田、沼泽地、池塘并偶尔至沿海滩涂。泽鹬主要以水生昆虫、软体动物和甲壳动物为食。也吃小鱼和鱼苗。

叫声：叫声为重复的 tu-ee-u 声。冬季常闻重复的 kiu 声，似青脚鹬，但调高；被赶时发出重复的 yup-yup-yup 声。

72 | 青脚鹬 (yù)
Common Greenshank

　　青脚鹬在闽南比较常见，数量也不少。青脚鹬似乎是一个很爱自我表现的家伙，总是一边飞一边发出"丢、丢、丢"的叫声，让它很容易被识别出来。它的嘴微微上翘，显得比较粗壮，然而青灰色的长腿却显得很雅致。如果你观察得很仔细的话，你会发现它羽毛周围装饰性的斑点也很独特。这么一想，青脚鹬超爱自我表现的行为也不是没道理的，毕竟美就该让别人知道啊！

　　青脚鹬体长 32 厘米。栖息于苔原森林和亚高山杨桦矮曲林地带的湖泊、河流、水塘和沼泽地带，喜沿海和内陆的沼泽地带及大河流的泥滩。

　　青脚鹬以虾、蟹、小鱼、螺、水生昆虫为食。通过突然急速奔跑冲向鱼群的方式巧妙地追捕鱼群，也善于成群围捕鱼群。

叫声：发出响亮悦耳的 chew chew chew 声。

叫声：轻柔的 prit 及 chirrup 声。

73 长趾滨鹬 (yù)
Long-toed Stint

　　闽南地区长趾滨鹬的总数量虽然不多，但也不算难见。顾名思义，长趾滨鹬脚趾头特别长，尤其是中趾，这也是将长趾滨鹬与其他外表相似的滨鹬分开的重要特征。然而由于它通常在浅水处活动和觅食，脚趾头淹没在海水里并不容易看到，加上比较胆小，很容易被惊飞，所以要想辨识长趾滨鹬，就只能靠它背上独特的"V"字型花纹了。

　　长趾滨鹬体长 14 厘米。栖息于沿海或内陆淡水与咸水湖泊、河流、水塘和泽沼地带。性较胆小而机警。飞行快而敏捷。飞行中也能转弯变换方向。危险临近时，会突然从草丛中冲出，几乎垂直向上飞升。

　　长趾滨鹬主要以昆虫、软体动物等小型无脊椎动物为食。也吃小鱼和部分植物种子。

74 | 尖尾滨鹬 (yù)
Sharp-tailed Sandpiper

　　尖尾滨鹬的成鸟很容易辨认，只要认准它胸腹部羽毛上像尖括号一样的斑纹就可以了。滨鹬类的鸟生活习性和环境都差不多，尖尾滨鹬作为闽南地区相对常见的滨鹬之一，也是其中个头较大的一种，每到夏季换上繁殖羽的时候，它总是头顶着一个栗色"小帽子"，在一堆的滨鹬们中有一点点鹤立鸡群的味道。

　　尖尾滨鹬体长 19 厘米。栖息于沼泽地带及沿海滩涂、泥沼、湖泊及稻田。当受惊时常很快形成密集的群，并快速而协调地飞翔。尖尾滨鹬主要以蚊和其他昆虫幼虫为食。也吃甲壳动物、小型无脊椎动物和植物种子。

叫声：轻柔的 trrl 或 wheep 声，尖细如流水般的吱吱声 whit-whit、whit-it-it 及 轻微的呻吟声。

叫声：吱吱叫声，哀婉的 chew 或 wheep，尖声的 whit-whit、whit-it-it 及 轻声呻吟。

75 | 弯嘴滨鹬 (yù)
Curlew Sandpiper

　　弯嘴滨鹬的嘴向下弯如弧，夏季的时候繁殖羽胸口和腹部都是红红的，不知道的话，还误以为是弯嘴的黑腹滨鹬和红腹滨鹬杂交的后代呢！弯嘴滨鹬除了在中国东部沿海迁徙，还有一条经过中国的迁徙路线是沿着中西部的青海、四川直达印度次大陆。在闽南地区，通常只有在迁徙季节才能在滨海地区的滩涂、盐田等地看到弯嘴滨鹬与其他滨鹬混群在一起，极少量会留在这里越冬。

　　弯嘴滨鹬体长 21 厘米。栖于沿海滩涂及近海的稻田和鱼塘。潮落时跑至泥里翻找食物。休息时单脚站在沙坑，飞行迅速，喜集群。

　　弯嘴滨鹬主要以昆虫、甲壳和软体动物为食。

叫声：响亮如流水般的
tlooeet-ooeet-ooeet 声，
第二音节拖长。

76 | 白腰草鹬 (yù)
Green Sandpiper

　　白腰草鹬大多数情况下都出现在淡水湿地中，偶尔滨海湿地也能找到。从它的名字中我们也不难知道它喜欢的生活环境通常离不开"草"。飞起来的时候，它的腰会露出明显的白色部分，并因此得名。白腰草鹬喜欢边走边翘一翘屁股，滑稽有趣。

　　白腰草鹬体长 23 厘米。栖息于山地或平原森林中的湖泊、河流、沼泽和水塘附近。喜小水塘及池塘、沼泽地及沟壑。受惊时起飞，飞翔疾速。

　　白腰草鹬主要以蠕虫、虾、蜘蛛、小蚌、田螺、昆虫等为食，偶尔也吃小鱼和稻谷。

77 林鹬 (yù)
Wood Sandpiper

在候鸟的集中迁徙期，闽南地区滨海的水稻田里有可能一亩地里就有数百只林鹬出现。因为背部的白色斑点状花纹相当醒目，林鹬在台湾地区还有个名字叫"鹰斑鹬"。春秋两季是农业昆虫的高发季，大量林鹬的到来能够有效地遏制农业昆虫的爆发。然而在农药广泛使用的农村地区，林鹬不仅无法扮演农田卫士的角色，还很有可能间接食物中毒，健康受到危害。

林鹬体长 20 厘米。栖息于林中或林缘开阔沼泽、湖泊、水塘与溪流岸边。喜沿海多泥的栖息环境。遇到危险立即起飞，边飞边叫。

林鹬主要以直翅目及鳞翅目昆虫、蠕虫、虾、蜘蛛、软体动物和甲壳动物等小型无脊椎动物为食。

叫声：高调哨音 chee-chee-chee，告警时发出 chiff-iff-iff 声，不如青脚鹬叫声悦耳。

78 灰尾漂鹬 (yù)
Grey-tailed Tattler

灰尾漂鹬通常以一个小群体的方式生活在滨海地区的岩石环境中，石蛾和一些水生昆虫是它主要的食物。当然，滨海的河滩里如果有很多好吃的，比如小型的甲壳和软体动物，它也并不介意临时搬家去那边，做几天随时可以吃到大餐的房客。鲜黄色的脚和胸口的横纹密如水波纹，是辨识它的重要的特征。灰尾漂鹬在闽南地区虽然数量不多，但也并不算少见，一年四季在滨海的岩石地区都有机会看到它们。

灰尾漂鹬体长 25 厘米。栖息于岩石海岸、海滨沙滩、泥地及河口。休息时多栖息在潮间带上部、防波堤上和树上，并上下摆动尾。行走迅速，行走时常常点头和摆尾。遇危险时常常通过蹲伏隐蔽来逃避敌害。

灰尾漂鹬主要以石蛾、毛虫、水生昆虫、甲壳和软体动物为食，有时也吃小鱼。

叫声：尖厉的双音节哨音 too-weet 或轻柔颤音。

叫声：细而高的管笛音twee-wee-wee-wee。

79 矶鹬 (jī yù)
Common Sandpiper

　　矶鹬的肩部有一小块白色的"豁口"，这是依靠外貌辨识它的最主要的特征。"矶"是水边的大石头的意思，顾名思义，矶鹬的生活环境正是水边石头较多的区域，它喜欢寻找隐匿在石头缝隙中的昆虫当美餐。

　　矶鹬体长20厘米。栖息于低山丘陵和山脚平原一带的江河沿岸，湖泊、水库、水塘岸边；也出现于海岸、河口和附近沼泽湿地。行走时头不停地点动、摆尾。矶鹬主要以夜蛾、蝼蛄、甲虫等昆虫为食，也吃螺、蠕虫等无脊椎动物和小鱼。

叫声：飞行时发出尖声的 cheep cheep cheep 或流水般的 plit 声。

80 ｜ 三趾鹬 (yù)
Sanderling

　　三趾鹬喜欢集群生活在沙滩上追逐海浪觅食，因为海浪退去的时候，沙子里的甲壳和软体动物会趁机探出"头"来呼吸；当海浪又重新扑上沙滩的时候，三趾鹬们就又纷纷调转方向，一起向岸上奔跑，以免被海水淹没。它们随着海浪来来去去急急忙忙的样子，看上去特别有趣。三趾鹬通体的羽毛非常白净，堪称闽南地区最白的滨鹬了。

　　三趾鹬体长约 20 厘米。繁殖于北极冻原苔藓草地，秋冬季栖息于海岸和湖泊沼泽地带。飞行快而直，常沿水面低空飞行。

　　三趾鹬主要以甲壳动物、软体动物、蚊类和其他昆虫幼虫、蜘蛛等为食。

81 ｜ 翻石鹬 (yù)
Ruddy Turnstone

　　在很多观鸟爱好者的眼里，翻石鹬是一种颇具个性的鸟儿。首先，它真的会翻石头。翻石鹬总是爱用短小有力的嘴将滩涂上的小石头翻开，如果下面躲着小昆虫、小螃蟹之类的，它就像中奖了一样，毫不客气地一口搞定。另外，翻石鹬身上的纹路以鸻鹬的标准而言，属于相当花哨的，大花脸和砖褐色的羽毛更是抢眼。

　　翻石鹬体长 23 厘米。栖息于岩石海岸、海滨沙滩、泥地和潮间地带，海边沼泽及河口沙洲。行走时步态有点蹒跚，但奔走迅速。

　　翻石鹬主要啄食甲壳动物、软体动物，以及蜘蛛、蚯蚓和昆虫。

叫声：断断续续的似金属晃动声 trik-tuk-tuk-tuk 或悦耳的 kee-oo 声。

82 | 红颈滨鹬 (yù)
Rufous-necked Stint

　　红颈滨鹬个体很小，也就和一个成人的拳头差不多。个体虽然小，种群的数量却很大，即便是在近年沿海滩涂大量消失的状况下，二三百只一群的红颈滨鹬还是可以经常遇见。在闽南地区可以同时看到繁殖羽（脖子发红）和非繁殖羽（脖子是灰色的，身上也比较暗淡）的红颈滨鹬，不要误以为它们是两种鸟儿哦！

　　红颈滨鹬体长约 15 厘米。主要繁殖于冻原地带、芦苇沼泽、海岸、湖滨和苔原地带。喜沿海滩涂，结大群活动。性活跃，敏捷行走或奔跑。

　　红颈滨鹬主要以昆虫、蠕虫、甲壳和软体动物为食。

叫声：细弱的笛音 chit-chit-chit，音比小滨鹬稍粗稍低。

叫声：短快而似蝉鸣的独特
颤音叫声 tirrrrrit……

83 青脚滨鹬 (yù)
Temminck's Stint

　　青脚滨鹬个头和红颈滨鹬差不多。除了时常沾满泥水的鹅黄色双腿，它几乎没有什么特色可言，但是这种朴实的风格恰恰赢得了很多人的喜爱。与红颈滨鹬类似，青脚滨鹬也习惯集群生活，数量也比较多。

　　青脚滨鹬体长约 14 厘米。栖息于内陆淡水湖泊浅滩、水田、河流附近的沼泽地和沙洲。也光顾潮间港湾，沿海滩涂及沼泽地带。飞行快速，紧密成群作盘旋飞行。站姿较平。

　　青脚滨鹬主要以昆虫、小甲壳动物、蠕虫为食。

84 | 黑腹滨鹬 (yù)
Dunlin

　　黑腹滨鹬可能是闽南记录到的鸻鹬中数量最多的一种，也是整个中国东部沿海迁徙的鸻鹬中数量最多的鸟儿，全国的总数量为 40 万只左右。微微下弯的黑嘴和繁殖季肚皮上长出来的黑色斑纹是黑腹滨鹬的典型特征。为什么在所有的鸻鹬中，它能够如此繁盛？如果能够解开这个谜，也许对其他鸻鹬类的保育工作也会有帮助。

　　黑腹滨鹬体长 19 厘米。繁殖于冻原、高原和平原地区的湖泊、河流、水塘、河口等水域岸边和附近沼泽与草地上。喜沿海及内陆泥滩。行动快速，常常跑跑停停，进食忙碌。

　　黑腹滨鹬主要以甲壳动物、软体动物、蠕虫、昆虫等为食。

叫声：飞行时发出粗而带鼻音的哨声 dwee。

叫声：起飞时作尖细的 preep preep 声，也发出尖厉的 wheet 声。

85 | 勺嘴鹬 (yù)
Spoon-billed Sandpiper

IUCN 红色名录：极危（CR）

　　勺嘴鹬外形独特，嘴末端扩张膨大，看上去就像一把黑色的小勺子，是目前世界上最珍稀的鹬类之一，全世界大约只有 600 多只，2007 年《世界自然保护联盟》IUCN 红色名录将勺嘴鹬保护现状由濒危提升到极危。厦门与泉州交界的滨海地区，近几年都有极少量勺嘴鹬的过境记录。除了栖息地遭到破坏，还有什么其他的原因导致它们如此稀少？科学界目前还不得而知。好消息是英国皇家鸟类保育协会已经成功地实现了人工繁殖勺嘴鹬。虽然目前这并不能从根本上解决问题，但至少为其种族复苏留下了一点希望。

　　勺嘴鹬体长 15 厘米。主要繁殖于北极海岸冻原沼泽、草地和湖泊、溪流、水塘等水域岸边。喜沙滩，取食时嘴几乎垂直向下，以一种极具特色的两边"吸尘"的方式运动。

　　勺嘴鹬主要以昆虫、甲壳和其他小型无脊椎动物为食。

86　阔嘴鹬 (yù)
Broad-billed Sandpiper

阔嘴鹬是一种小型的滨鹬，在闽南地区并不常见，通常都是迁徙的时候经过而已，偶尔能遇到少量越冬的个体。阔嘴鹬野外辨识的最主要特征就是它"头顶西瓜皮"——三条顶贯纹十分醒目。阔嘴鹬的嘴末端稍微下弯并且略略膨大，并因此而得名。滩涂中的大量底栖生物是滨鹬们迁徙途中最重要的食物来源，由于天然滩涂面积近年来持续减少，包括阔嘴鹬在内的滨鹬总体数量一直在下降。

阔嘴鹬体长 17 厘米。繁殖期主要栖息于冻原和冻原森林地带中的湖泊、河流、水塘和芦苇沼泽岸边与草地上。冬季主要栖息于海岸、河口以及附近的沼泽和湿地。性孤僻，喜潮湿的沿海泥滩、沙滩及沼泽地区。翻找食物时嘴垂直向下。遇警时蹲伏，直至危险逼近才冲出飞走。

阔嘴鹬主要以甲壳动物、软体动物、环节动物、昆虫等小型无脊椎动物为食。偶尔也吃眼子菜和蓼科植物种籽等植物性食物。

叫声：干涩的颤音 ch-r-r-reep。

87　红颈瓣蹼鹬 (pǔ yù)
Red-necked Phalarope

　　看名字就知道，红颈瓣蹼鹬的脚趾上有蹼，是少数善于游泳的鸻鹬之一。每年冬季都有一小群红颈瓣蹼鹬会选择厦门的滨海湿地作为它们迁徙路上的"加油站"。几千公里的飞行让它们饥肠辘辘，所以每次在厦门短暂的停歇时间内，它们都是异常忙碌地在水里打着转儿觅食，全然不顾拍摄者近在咫尺。可惜在厦门是看不到它那漂亮的繁殖羽的，要想看到它们的"红脖子"，就得在春夏季节去美国的阿拉斯加，那里是它们繁育后代的地方。

叫声：单个或重复的 chek 声。

　　红颈瓣蹼鹬体长 18 厘米。非繁殖期多在近海的浅水处栖息和活动，繁殖期则栖息于北极苔原、森林苔原地带的内陆淡水湖泊和水塘岸边及沼泽地上。善游泳。

　　红颈瓣蹼鹬主要以水生昆虫、甲壳和软体动物等无脊椎动物为食。

88 彩鹬 (yù)
Greater Painted-snipe

鸟类的世界，大多数是雄鸟比雌鸟色彩更加艳丽，因为雌鸟通常担负了更多养育后代的责任，"低调"，是一种躲避天敌的自我保护。然而彩鹬是为数不多的例外——雄性彩鹬承担了绝大多数育雏的重任，所以自然也就不肯穿上华丽的衣衫了。图中的这一对彩鹬，你分清楚雌雄了吗？

彩鹬体长 25 厘米。栖于沼泽型草地及稻田。行走时尾上下摇动，飞行时双腿下悬如秧鸡。

彩鹬主要以昆虫，蟹，虾，蛙，蚯蚓，软体动物，以及植物的叶、芽、种子等为食。

叫声：通常无声，但雌鸟求偶时叫声深沉，也作轻柔声。

89 | 水雉 (zhì)
Pheasant-tailed Jacana

　　水雉被很多热爱鸟类的朋友赞为"凌波仙子"。这是因为水雉特别喜欢生活在菱角田里，每到夏天，水雉的颈后就会长出金灿灿的饰羽，长长的尾巴在身后犹如仙子的飘带，超长的脚趾让它可以踏着浮在水面上的菱角叶而不会沉下去。水雉的脚趾长到什么程度呢？很多地方的农民伯伯直接叫它"大脚怪"。

　　水雉体长 33 厘米。栖息于富有挺水植物和漂浮植物的淡水湖泊、池塘和沼泽地带。常在小型池塘及湖泊的浮游植物如睡莲及荷花的叶片上行走。善游泳和潜水。水雉以昆虫、虾、软体动物等小型无脊椎动物和水生植物为食。

叫声：告警时发出响亮的鼻音喵喵声。

90 | 蛎鹬 (lì yù)
Eurasian Oystercatcher

　　蛎鹬最爱吃的当然就是海蛎啦！这种生活在海滨地区的鹬鸟经常用大嘴撬开附着在岩石上海蛎的壳，然后大快朵颐。尽管羽毛只有黑白两种颜色，但是红宝石一样的眼睛配上细长的红腿和硕大的红嘴，蛎鹬是少数会让人觉得惊艳的鹬鸟，深受拍鸟爱好者们的垂青。经常有人为了拍好它，在海滨顶着炎炎烈日一晒就是一整天。

　　蛎鹬体长 44 厘米。主要栖息于沿海多岩石或沙滩的海滨、河口、沙洲、岛屿与江河地带。大多数单个活动，有时结小群在海滩上觅食。跑得快，飞翔力强。

　　蛎鹬主要以虾、蟹、沙蚕、小鱼、昆虫等为食。

叫声：联络叫声为尖厉的 Kleep，也有更拖长的 Kle-eep，更尖厉的 Kip；炫耀时发出管笛声，越来越慢直至结束。

叫声：高音管笛声及燕鸥样的 kik-kik-kik 声。

91　黑翅长脚鹬 (yù)
Black-winged Stilt

　　闽南和台湾地区的滨海湿地，一年四季都能见到这种优雅的鸟儿。一开始，黑翅长脚鹬被台湾同胞称作"高跷鹬"；以腿长著称的台湾名模林志玲走红两岸之后，拥有纤细长腿的它又获得了"鸟界林志玲"的赞誉。不要因为它外表优雅就误以为它个性柔弱，繁殖季节，如果你不小心闯入了它的领地，为了保护家园和雏鸟，它会坚持不懈地在你头顶盘旋、大叫，甚至驱赶你，勇敢无比。

黑翅长脚鹬体长 37 厘米。栖息于开阔平原草地中的湖泊、浅水塘和沼泽地带。喜沿海浅水及淡水沼泽地。行走缓慢，步履稳健、轻盈，姿态优美。

黑翅长脚鹬主要以软体动物、甲壳动物、环节动物、昆虫，以及小鱼和蝌蚪等动物性食物为食。

92 | 反嘴鹬 (yù)
Pied Avocet

　　反嘴鹬很美，当它们在空中飞舞的时候，洁白的羽毛配上几条墨色的条纹，就像是一朵朵盛开的白莲花。反翘的嘴让它们成为外形最奇特的鹬类之一。它们依靠这反翘的嘴在水里来回扫动觅食用，以小型甲壳、水生昆虫等在藻类丰富的水体中大量存活的小型动物为主。由于藻类通常在富营养化的水体中更多，所以大量反嘴鹬忽然在某一处湿地集群，通常说明此处的水体遭受了一定程度的污染，而不是我们通常理解的"环境变好了，鸟就多了"。

　　反嘴鹬体长43厘米。栖息于平原和半荒漠地区的湖泊、水塘和沼泽地带，有时也栖息于海边水塘和盐碱沼泽地。

　　反嘴鹬主要以小型甲壳动物、水生昆虫、蠕虫和软体动物等小型无脊椎动物为食。

叫声：经常发出清晰似笛的叫声 kluit, kluit, kluit。

93 | 凤头麦鸡
Northern Lapwing

闽南很难得有凤头麦鸡的记录，冬季在农田里偶尔能发现它们漂亮的身影。除了反翘的长辫子令人瞩目之外，浑身上下翠色中闪烁着霓虹般光彩的羽毛才是凤头麦鸡最炫丽的一面。如果你有机会在六月去新疆游玩，经常能看到凤头麦鸡在湿地上空飞舞的场景，那是它们在炫耀和宣誓自己的领地，也因为这极度警惕的个性让它成为湿地其他众多鸟类的"哨兵"。

凤头麦鸡体长 30 厘米。栖息于低山丘陵、山脚平原和草原地带的湖泊、水塘、沼泽、溪流和农田地带。喜耕地、稻田或矮草地。善飞行，常在空中上下翻飞，飞行速度较慢，两翅迟缓地扇动，飞行高度亦不高。

凤头麦鸡主要吃甲虫、金花虫、天牛幼虫、蚂蚁、石蛾、蝼蛄等昆虫，也吃虾、蜗牛、螺、蚯蚓等小型无脊椎动物和大量杂草种子及植物嫩叶。

叫声：拖长的鼻音 pee-wit。

94 | 金斑鸻 (héng)
Pacific Golden Plover

　　仿佛是阳光洒在了它的身上之后再也没有离开，金光灿灿的金斑鸻总能给人一种温暖的感觉。虽然数量并不多，但它可以算是厦门滨海最常见的鸻鹬类之一了。短小如匕首的嘴巴在滩涂、盐田等湿地环境里觅食的时候堪称稳、准、狠。

　　金斑鸻体长 25 厘米。栖于沿海滩涂、沙滩、开阔多草地区、草地及机场，尤其是近海。

　　金斑鸻主要以滩涂里的软体动物、甲壳动物和昆虫为食。

叫声：清晰而尖厉突发音，单个或双音哨音 chi-vit 或 tu-ee。

叫声：飞行时发出清晰而柔和的拖长降调哨音 pee-oo。

95 金眶鸻 (héng)
Little Ringed Plover

　　金色的眼圈、黑色的项圈，金眶鸻的外表令人过目不忘，肉红色的小腿跑起来奇快无比的频率更是令人惊叹。小小的金眶鸻在沙滩或者滩涂上狂奔的样子，有种飞机要起飞的架势。和大多数鸻鹬类鸟儿都爱生活在海边不同，金眶鸻并不完全依赖滨海湿地，在内陆地区的淡水湿地也经常能发现它的身影。

　　金眶鸻体长约 16 厘米。常栖息于湖泊沿岸、河滩或水稻田边，沼泽地带及沿海滩涂。行走速度甚快，常边走边觅食。

　　金眶鸻以昆虫为主食，兼食植物种子、蠕虫等。

96 环颈鸻 (héng)
Kentish Plover

　　虽然名字叫"环颈"，但是环颈鸻胸前的环其实只是一个半环，前面是断开的。环颈鸻是闽南滨海最常见的鸻鹬类，也是少数在闽南地区有繁殖记录的鸻鹬类之一。和大多数鸻鹬类一样，环颈鸻的"巢"非常简单，就是直接选一处合适的沙地而已。遗憾的是，环颈鸻繁殖所必需的滨海荒地，正由于人类城市建设向大海的不断扩展而急剧减少。

　　环颈鸻体长约 15 厘米。栖息于海滨、岛屿、河滩、湖泊、池塘、沼泽、水田、盐湖等环境。具有极强的飞行能力。

　　环颈鸻以蠕虫、昆虫、软体动物为食，兼食植物种子、植物碎片。

叫声：重复的轻柔单音节升调叫声 pik。

97 蒙古沙鸻 (héng)
Lesser Sand Plover

　　蒙古沙鸻个头比环颈鸻稍大，锈红色的胸部与洁白无瑕的喉咙和腹部形成了鲜明的对比。闽南的滨海地区是蒙古沙鸻沿着中国滨海迁徙路线中的一站，所以每年的春秋两季都有机会看到成群的蒙古沙鸻在海滨湿地做中途休息的场景。闽南不算是蒙古沙鸻的家，却是它们回家的路上不可缺少的加油站。

　　蒙古沙鸻体长 20 厘米。栖息于海滨、岛屿、河滩、湖泊、池塘、沼泽、水田、盐湖等环境。迁徙性鸟类，具有极强的飞行能力。

　　蒙古沙鸻主要取食蠕虫、蝼蛄、蚱蜢、螺等小型动物。

叫声：轻声短促颤音或尖声 kip-ip。

叫声：起飞时作低柔的颤音 trrrt。

98 | 铁嘴沙鸻 (héng)
Greater Sand Plover

　　铁嘴沙鸻的外形和习性都与蒙古沙鸻类似。不过铁嘴的个头要大一些，嘴也显得更加粗壮有力，倒是身上的斑纹看上去反而更细腻。铁嘴沙鸻和蒙古沙鸻一样，都喜欢以生活在潮间带滩涂和沙滩的底栖动物和小型的螃蟹等为食。别看它们个头不大，全都是暴走一族，绝对对得起"鸻"字中藏着的那个"行"。

　　铁嘴沙鸻体长 23 厘米。栖息于海滨、河口、内陆湖畔、江岸、滩地、水田、沼泽及其附近的荒漠草地、砾石戈壁和盐碱滩。喜沿海泥滩及沙滩。迁徙性鸟类，具有极强的飞行能力。

　　铁嘴沙鸻主要以软体动物、小虾、昆虫、淡水螺类、杂草等为食。

99　普通燕鸻 (héng)
Oriental Pratincole

　　有个冷笑话说普通燕鸻是最讲究的鸟，因为它胸前自带"餐巾"。拥有类似燕子一样狭长的翅膀，可以在半空做极速变化的飞行姿势的普通燕鸻，停下来的时候也像一只放大版的家燕，并因此得名。但是普通燕鸻和燕子在进化上的亲缘关系并不大，不能仅仅看外表就想当然。在闽南，普通燕鸻是过境迁徙的鸟类，短暂的停留总是能吸引我们去"围观"，就像是每年和老朋友的约见一样。

　　普通燕鸻体长 25 厘米。栖息于开阔平原地区的湖泊、河流、水塘、农田、耕地和沼泽地带，形态优雅，以小群至大群活动，性喧闹。善走，头不停点动。飞

　　叫声：嘶哑的喘息声 tar-rak。

行迅速，长时间地在河流、湖泊和沼泽等水域上空飞翔，降落地面后，常做短距离的奔跑。

　　普通燕鸻主要吃金龟甲、蚱蜢、蝗虫、螳螂等昆虫，也吃甲壳类等其他小型无脊椎动物。

叫声：哀怨的咪咪叫声。

100 | 黑尾鸥
Black-tailed Gull

　　黑尾鸥是夏季台湾海峡最常见的大型鸥类之一。成鸟尾巴末端的黑色、嘴端染红的黄色大嘴，以及白多黑少看上去凶狠无比的眼神，都是它的典型特征。黑尾鸥通常群居，除了自己捕鱼，也经常仗着自己身材比较魁梧，欺负弱小的白额燕鸥、粉红燕鸥等，直接从它们嘴里抢夺食物，有着不折不扣的"海盗"基因。

　　黑尾鸥体长47厘米。栖息于沿海海岸沙滩、悬岩、草地以及邻近的湖泊、河流和沼泽地带。在海面上空飞翔或伴随船只觅食。也常群集于沿海渔场活动和觅食。

　　黑尾鸥主要在海面上捕食上层鱼类，也吃虾、软体动物和水生昆虫等。

101 | 红嘴鸥
Common Black-headed Gull

红嘴鸥是闽南冬季最常见的鸥之一。在厦门，乘坐渡船去鼓浪屿的时候，经常能看到它们跟在船后逐浪飞翔。红嘴鸥在冬季除了暗红色的嘴和腿之外，浑身几乎素白，只有眼睛后面和翅尖有些黑斑，可是等到来年开春之后，红嘴鸥整个头部都会变成黑色，这是它们做好了繁殖下一代准备的标志。红嘴鸥的英文名翻译成中文就是"黑头鸥"。我国的云南省昆明市每年都有数万只红嘴鸥在那里越冬，人鸟和谐相处，场面非常壮观。

红嘴鸥体长 40 厘米。栖息于平原和低山丘陵地带的湖泊、河流、水库、河口、渔塘、海滨和沿海沼泽地带。或在水面上空振翅飞翔，或荡漾于水面。休息时多站在水边岩石或沙滩上。

红嘴鸥主要以小鱼、水生昆虫、甲壳动物、软体动物等为食，也吃小型陆栖动物和小型动物尸体。

叫声：沙哑的 kwar 叫声。

102 | 黑嘴鸥
Saunders's Gull

连接厦门大嶝岛与翔安区的大嶝大桥附近的湿地，曾经是黑嘴鸥在中国南方最大的越冬栖息地，高峰期数量超过 700 只，超过了黑嘴鸥种群数量的 1%，这个数据足以令该区域符合国际重要湿地的标准。然而遗憾的是厦门错过了申报的好时机，后来随着该区域的建设开发，每年来此越冬的黑嘴鸥数量逐年下降，近年仅剩约 200 只。鸟儿们或许可以飞到附近寻觅新的栖息地，厦门人民却再也没有机会在家门口看到那么多黑嘴鸥翔集的壮观景象了。

黑嘴鸥体长 33 厘米。主要栖息于沿海滩涂、沼泽及河口地带。飞行非常轻盈而似燕鸥。取食方式为飞行中突然垂直下降，快降落时又一转身然后捕食螃蟹及蠕虫。如失误又赶紧飞至空中。几乎从不游泳。

黑嘴鸥主要以昆虫、甲壳、蠕虫等水生无脊椎动物为食。

叫声：尖厉的 eek eek 叫声。

103 | 遗鸥
Relict Gull

叫声：似笑声 ka-kak，
ka-ka kee-a。

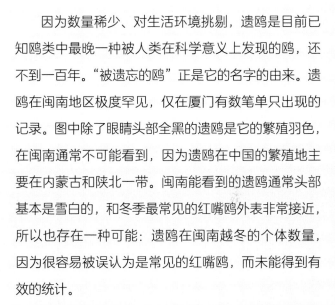

因为数量稀少、对生活环境挑剔，遗鸥是目前已知鸥类中最晚一种被人类在科学意义上发现的鸥，还不到一百年。"被遗忘的鸥"正是它的名字的由来。遗鸥在闽南地区极度罕见，仅在厦门有数笔单只出现的记录。图中除了眼睛头部全黑的遗鸥是它的繁殖羽色，在闽南通常不可能看到，因为遗鸥在中国的繁殖地主要在内蒙古和陕北一带。闽南能看到的遗鸥通常头部基本是雪白的，和冬季最常见的红嘴鸥外表非常接近，所以也存在一种可能：遗鸥在闽南越冬的个体数量，因为很容易被误认为是常见的红嘴鸥，而未能得到有效的统计。

遗鸥体长 45 厘米。主要栖息于开阔平原和荒漠与半荒漠地带的咸水或淡水湖泊中。遗鸥的适应性很狭窄，对繁殖地的选择近乎苛刻，只在干旱荒漠湖泊的湖心岛上生育后代。

遗鸥主要以水生昆虫和水生无脊椎动物等为食。

叫声：沙哑的喘息声 kraaah。

104 红嘴巨鸥
Caspian Tern

　　和中国较为常见的其他鸥类相比，红嘴巨鸥有着一张夸张的大嘴——不仅巨大，而且红艳，当它们在沙洲上休息的时候，阳光照在大红嘴上十分醒目，让红嘴巨鸥在很远之外就能被看见。闽南地区的红嘴巨鸥主要是冬候鸟，和红嘴鸥等一些爱在水面游泳的鸥类不同，红嘴巨鸥更多地选择在沙洲和滩涂上休息，所以沿海的大规模填海造地对它们的影响也会比较大。

　　红嘴巨鸥体长 49 厘米。主要栖息于海岸沙滩、平坦泥地、岛屿和沿海沼泽地带，频繁地在水面低空飞翔。飞行敏捷而有力，两翅扇动缓慢而轻。当发现水中食物时，常嘴朝下地在上空盘旋，然后突然冲下，扎入水中和潜入水下捕食。红嘴巨鸥主要以小鱼为食，也吃甲壳类等其他水生无脊椎动物，有时也吃雏鸟、鸟卵。

105 | 大凤头燕鸥
Great Crested-Tern

大凤头燕鸥十分漂亮，黄澄澄的大嘴在海边的阳光照耀下鲜艳夺目，每次看到它，都能让我想到 1990 年北京亚运会的主题歌《黑头发飘起来》。大凤头燕鸥在厦门并不容易见到，因为缺少天然开阔的浅水滩涂，不利于它们觅食。但是在福建其他海域比如福州的闽江口和闽南的漳州东山海域，大凤头燕鸥还是很常见的。它们喜欢群居，个头又比较大，往往构成了沙洲上最显眼的风景。

大凤头燕鸥体长 45 厘米。栖息于海岸和海岛岩石、悬崖、沙滩和海洋上。频繁地在海面上空飞翔，飞翔时嘴垂直向下，两翅扇动缓慢，它们能在空中搜觅和发现水下鱼类。当发现鱼类时，则两翅一收，突然一下扎入水中捕食，捕获后立刻振翅上升。有时又长时间地漂浮于海面上。

大凤头燕鸥主要以鱼类为食。也吃甲壳动物、软体动物和其他海洋无脊椎动物。

叫声：尖厉的喘息声 kirrik 或清晰的 chew 声。

106 | 白额燕鸥
Little Tern

　　白额燕鸥额头的白色构成了一个漂亮的小月牙儿，配上黄澄澄的嘴，快速扇动的翅膀，灵气十足。白额燕鸥是体型最小的一种燕鸥，也是夏季闽南海域最常见的燕鸥之一。在海边游泳的人十有八九都遇到过它在头顶飞过的情景。因为游泳者经常会惊扰起水里的小鱼群，白额燕鸥可不会错过这个捕食的好时机。

　　白额燕鸥体长 24 厘米。栖居于海边沙滩，以及湖泊、河流、水库、水塘、沼泽等内陆水域附近的草丛、苇丛及灌木丛中，近海无人岛礁等处。振翼快速，常作徘徊飞行，潜水方式独特，入水快，飞升也快。当发现猎物时，则停于原位频繁地鼓动两翼，待找准机会后，立刻垂直下降到水面捕捉，或潜入水中追捕，直到捕到鱼类后，才从水中垂直升入空中。

　　白额燕鸥以鱼虾、水生昆虫、水生无脊椎动物为主食。

叫声：喘息式高声尖叫。

叫声：不连贯吠声 wep-
wep；告警声为沙哑的粗
喘息声 kee-err-krr。

107 褐翅燕鸥
Bridled Tern

　　褐翅燕鸥通常在海岛上繁殖，在靠近海岸的水域觅食，一般很少会飞到海岸边。不过只要能够出海，你就会发现，数百成千只褐翅燕鸥围着或大或小的海岛盘旋，这是夏季台湾海峡中最常见的动物狂欢景象之一。每次看到这样壮观的景象，除了情不自禁举起相机拍摄，我都会祈祷人类对这些海岛不要继续染指，而是将其留给这些大自然的精灵们，让它们在茫茫大海上也有一个安全的"家"。

　　褐翅燕鸥体长 37 厘米。主要栖息于大海，是典型的海洋鸟类，仅在恶劣气候及繁殖季节才靠近海岸或岛屿。不很合群，常单独或成小群。飞行优雅轻盈。从海面上捕食昆虫或鱼类。不善潜水。常栖于海面漂浮杂物上，晚上停栖船上桅杆。

　　褐翅燕鸥主要以鱼类、甲壳和海洋软体动物为食。

鹳形目 > 鸥科　　157

108 | 粉红燕鸥
Roseate Tern

　　台湾海峡常见的燕鸥中，最漂亮的当属粉红燕鸥。尽管所有的燕鸥都有漂亮的长翅膀，但是粉红燕鸥是闽南海域能够见到的翅膀与身体比例最长的——长到翅膀收拢起来后比尾巴还要长，拖在身后好像漂亮的裙摆。一到夏季，粉红燕鸥胸口那原本洁白无瑕的羽色上就会出现淡淡的粉红色，仿佛是少女脸上羞涩的红晕。恋爱中的粉红燕鸥经常出入成双，喜欢相互摩擦红色的长喙以增进感情，画面甜蜜极了。

　　粉红燕鸥体长 39 厘米。栖息于海岸、港湾的岩礁、沙滩、海上岛屿及开阔海洋，喜珊瑚岩和花岗岩岛屿及沙滩。飞行优雅，俯冲入水捕食鱼类。

　　粉红燕鸥以小型鱼类为主要食物，也取食昆虫和海洋无脊椎动物等。

叫声：捕鱼时发出悦耳的 chew-it 声，告警时发出沙哑的 aaak 声。

109 | 黑枕燕鸥
Black-naped Tern

除了脑后一圈黑色的羽毛，黑枕燕鸥浑身的羽色洁白如雪。在常见的几种燕鸥里，黑枕燕鸥给人的感觉是身形最为飘逸。它如此灵动，每当在海面上贴浪飞翔或者俯冲入水觅食然后再振翅冲水而出的时候，黑枕燕鸥就像是从海浪的泡沫中幻化出来的精灵，让人忍不住赞叹。黑枕燕鸥有时候也会从海洋上飞到港口区域捡拾渔民抛弃的小鱼虾，所以夏季在闽南很多传统的海港都不难发现它们的英姿。

黑枕燕鸥体长 31 厘米。喜群栖，与其他燕鸥混群，喜沙滩及珊瑚海滩，极少到泥滩，从不到内陆。频繁地在海面上空飞翔，休息时多栖息于岩石或沙滩上。

黑枕燕鸥主要以小鱼为食。也吃甲壳、浮游生物和软体动物等海洋动物。

叫声：尖厉的 tsii-chee-chi-chip 声，告警时为 chit-chit-chitrer 声。

叫声：鼻音的 ker-waky-
wak，或 wide-a-wake 声。

110 乌燕鸥
Sooty Tern

　　乌燕鸥通常只在远离海岸线的海域活动，所以非常罕见。当我第一次看到它在大海上空疾驰而过的时候，我感觉它就像是一道黑色的闪电——也许是从来没想到自己可以一睹它的风采，觉得自己像是被幸运的闪电击中的缘故吧。尽管乌燕鸥看上去与褐翅燕鸥很相似，但是在远洋的大风大浪中锻炼出来的它，飞行风格明显要桀骜不驯得多，身姿也更加飘逸。

　　乌燕鸥体长 44 厘米。海洋性鸟类，栖于远离海岸的洋面或多岩礁、多沙岛屿。晚上跟随船只。飞行轻松优雅，逆风直插云天。

　　乌燕鸥主要以鱼类、甲壳类和头足类等海洋动物为食。觅食主要在海面上，也在飞行中捕食昆虫。

111 | 须浮鸥
Whiskered Tern

闽南是须浮鸥的越冬地之一，并不是繁殖地，所以这张带崽的须浮鸥照片是在北方拍的。每年冬季须浮鸥都会成群结队出现在闽南滨海地区的鱼塘里。由于须浮鸥只会捉一些小鱼小虾，并不会造成太大的损失，所以渔民们通常都对它们很友好。毕竟这些每年准时到来的漂亮精灵，是来自大自然最亲切的问候呢！

须浮鸥体长 25 厘米。栖息于开阔平原湖泊、水库、河口、海岸和附近沼泽地带。常至离海 20 千米左右的内陆，在漫水地和稻田上空觅食，取食时扎入浅水或低掠水面。飞行轻快而有力，有时能保持振翅飞翔而不动地方。

须浮鸥主要以小鱼、虾、水生昆虫等为食。也吃部分水生植物。

叫声：沙哑断续的 kitt 声或 ki-kitt 声。

112 鹗 (è)
Osprey

　　鹗是以捕食鱼类为生的猛禽。一年四季在闽南海域近岸区都有机会看到它们在巡视海面，一旦发现鱼群它们就猛地收起翅膀俯冲下去扑入水中，用利爪精准地抓起大鱼。有时候滨海的人工鱼塘也是它们觅食的场所，毕竟这里的鱼儿密度更大，诱惑难以抵挡。这种以白色为基调的猛禽有着一张凶神恶煞般的面孔，据说雷公的形象就是古人根据它想象出来的。

　　鹗体长 55 厘米。栖息于湖泊、河流、海岸等地。它的外侧脚趾能向后反转，使四趾变成两前两后，加上脚下的粗糙突起，可以像钳子一样牢牢地抓住黏滑的鱼的身体，并把鱼的身体摆成与飞行方向一致，以减少空气阻力，然后飞到水域附近的树上或岸边岩石上用利嘴撕裂后吞食。

　　鹗主要以鱼类为食，有时也捕食蛙、蜥蜴、小型鸟类等其他小型陆栖动物。

　　叫声：繁殖期发出响亮哀怨的哨音；巢中雏鸟见亲鸟时发出大声尖叫。

叫声：作一至三轻音
节的假声尖叫，似海
鸥的咪咪叫。

113　# 黑冠鹃隼 (sǔn)
Black Baza

国家二级保护动物

　　黑冠鹃隼是一种个头不大的猛禽，黑白相间的花纹和独特且上翘的小辫子令
人过目难忘。夏季在闽南的山区偶尔能见到它们的身影。拍这张照片的当天正下
雨，黑冠鹃隼飞得似乎有些吃力，当它停下来后猛地甩甩翅膀，头却近乎纹丝不
动。其实摄影师扛着相机在雨中守候它的到来，也挺不容易的。这就是"痛并快
乐着"的感觉吧。

　　黑冠鹃隼体长 32 厘米。栖息于丘陵、山地或平原森林，有时也出现在疏林
草坡、村庄和林缘田间。短距离飞行至空中或于地面捕捉大型昆虫。

　　黑冠鹃隼主要以昆虫为食，也吃蜥蜴、蝙蝠、鼠类和蛙等小型脊椎动物。

114 | 黑翅鸢 (yuān)
Black-winged Kite

国家二级保护动物

　　黑翅鸢是曾经在闽南地区，尤其在厦门地区最常见的猛禽，主要以田鼠为捕食对象。然而，随着近年厦门城市规模的快速扩张，田野面积越来越少，黑翅鸢的数量也因为食物匮乏而越来越少。黑翅鸢有着一双炯炯有神的红色大眼睛，雪白的翅膀配上玄色的飞羽，加上搜寻猎物时经常采用低头振翅悬停的方式，使得它成为众多鸟类摄影爱好者心中的最佳模特之一。

　　黑翅鸢体长30厘米。栖息于有树木和灌木的开阔原野、农田、疏林和草原地区。常守候在电线杆上和高大树木顶端，等候过往小鸟和昆虫，然后突然俯冲而下抓捕；或不时地将两翅上举成"V"字形，无声无息地在天空长时间地盘旋、滑翔、观察地面动静，发现猎物再俯冲而下抓捕。

　　黑翅鸢主要以田间鼠类、昆虫、小鸟、野兔和爬行类动物为食。

叫声：轻柔哨音 wheep、wheep。

115 黑耳鸢 (yuān)
Black-eared Kite

叫声：尖厉嘶叫 ewe-wir-r-r-r-r。

黑耳鸢就是人们常说的老鹰。它在天空中盘旋的时候尾羽通常会向内凹进，这一点在猛禽中独树一帜。黑耳鸢是闽南地区最常见的猛禽，不过它的性格在猛禽中算是很温柔的，喜鹊、黑卷尾等鸦科的鸟类经常会驱赶它，一旦遇到这种情况，黑耳鸢基本无心恋战，赶紧逃离。黑耳鸢也会吃腐食，所以在渔港上空也经常能看到它们集群盘旋。

黑耳鸢体长65厘米。栖息于开阔的平原、草地、荒原和低山丘陵地带。飞行快而有力，能很熟练地利用上升的热气流升入高空长时间地盘旋翱翔，两翅平伸不动，尾亦散开，像舵一样不断摆动和变换形状以调节前进方向，两翅亦不时抖动。

黑耳鸢主要以小鸟、鼠类、蛇、蛙、鱼、野兔、蜥蜴和昆虫等动物性食物为食，偶尔也吃家禽和腐尸。

116 | 蛇雕
Crested Serpent-Eagle

　　蛇雕从头顶飞过是一件令人震撼的事情。它那黑白分明的横纹像彝族姑娘巨大的裙摆。作为蛇类不折不扣的天敌，这一只蛇雕的羽毛看上去有些凌乱不堪，究竟是一场恶斗留下的印记，还是羽毛磨损到了该换羽的季节呢？真想有机会可以追踪拍摄，一探究竟！这么帅气的猛禽在闽南山区一年四季都有机会遇见，真是我们这些观鸟爱好者们的福气啊。

　　蛇雕体长50厘米。是一种珍贵的

大型猛禽，栖居于深山高大密林中，喜在林地及林缘活动，常于森林或人工林上空盘旋，成对互相召唤。

　　蛇雕以蛇、蛙、蜥蜴等为食，也吃鼠和鸟类、蟹及其他甲壳动物。

117 | 凤头鹰
Crested Goshawk

国家二级保护动物

　　作为南方森林里的顶级掠食者之一，凤头鹰的存在可以视为森林生物多样性足够丰富的一个标志。尽管在杀戮的时候它总是毫不留情，但更多的时候，它只是静静地待在树枝上，眼神深邃，洞察这森林里的一切，当然也包括我们这些观鸟和拍鸟爱好者们的一举一动。

　　凤头鹰体长 42 厘米。通常栖息在 2000 米以下的山地森林和山脚林缘地带，也出现在竹林和小面积丛林地带，偶尔也到山脚平原和村庄附近活动。常躲藏在树叶丛中或栖于空旷处孤立的树枝上。飞行缓慢，也不很高。

　　凤头鹰主要以蛙、蜥蜴、鼠类、昆虫、鸟等动物性食物为食。

叫声：繁殖期常在森林上空翱翔，同时发出响亮叫声，he-he-he-he-he-he 的尖厉叫声及拖长的吠声。

叫声：繁殖期发出一连串快速而尖厉的带鼻音笛声，音调下降。

118 **赤腹鹰**
Chinese Sparrowhawk

国家二级保护动物

赤腹鹰肯定能算鹰中的花美男。绯红的胸口，橘色的"鼻梁"都是萌点，可惜就是个头小了点。然而，在茂密的森林里要想穿梭自如，小身材才能有大用场，对吧？当你在森林里漫步，并不指望能够透过密林看到什么鸟类，却能够与它来一场四目相对的相逢，实乃人生一大乐事！

赤腹鹰体长 33 厘米。喜开阔林区。栖息于山地森林和林缘地带，低山丘陵和山麓平原地带的小块丛林，农田地缘和村庄附近。常站在树顶等高处，见到猎物则突然冲下捕食。

赤腹鹰主要以蛙、蜥蜴等动物性食物为食，也吃小型鸟类、鼠类和昆虫。

119 苍鹰
Northern Goshawk

叫声：幼鸟乞食时叫声为忧郁的 peee-leh，告警时发出嘎嘎叫声 kyekyekye……

在野外，能够平视猛禽是很难得的机会。这只苍鹰的个头不小，尾羽上的横斑在我眼前清晰可见。作为森林中的猎杀者，苍鹰甚至会捕杀同是猛禽的未成年的凤头鹰。没办法，在弱肉强食的世界里，有时候冷酷无情才是最好的生存法则。

苍鹰体长 56 厘米。栖息于不同海拔的针叶林、混交林和阔叶林等森林地带，也见于平原和丘陵地带的疏林和小块林内。两翼宽圆，能作快速翻转扭绕。

苍鹰主要以鸠鸽类为食，也捕食可猎捕的其他鸟类及哺乳动物如野兔。

叫声：响亮的咪叫声 peeioo。

120 普通鵟 (kuáng)
Common Buzzard

国家二级保护动物

　　因为矫健的身手，人们爱将猛禽中的鵟比喻为猛兽中的豹子，不过就算是跑得再快的猎豹也有休息的时候。此刻我眼前的这只普通鵟就是刚刚巡游归来，可能今天它还没有什么收获，所以依然保持着警觉的眼神，算不得真正的忙里偷闲。你看它鼓胀的胸膛，仿佛正在蓄积下一次猎杀的能量！

　　普通鵟体长 55 厘米。栖息于山地森林和林缘地带，从海拔 400 米的山脚阔叶林到 2000 米的混交林和针叶林地带均有分布，常见在开阔平原、荒漠、旷野、开垦的耕作区、林缘草地和村庄上空盘旋翱翔，在裸露树枝上歇息。飞行时常停在空中振羽。

　　普通鵟食量甚大，主要以森林鼠类为食。也吃蛙、蜥蜴、蛇、野兔、小鸟和大型昆虫等动物性食物，有时亦到村庄捕食鸡等家禽。

121 | 红隼 (sǔn)
Common Kestrel

　　红隼得名于它砖红色的羽色。它是驾驭风的高手，经常能见到它在半空通过快速的逆风振翅保持悬停的姿势，同时目光紧锁地面的一举一动，一旦发现目标，就犹如坠石一般俯冲下去，快、准、狠。红隼以鼠类为主要猎食对象。随着城市的快速扩张和农田的减少，曾经在郊野比较容易见到的它们现在已变得较为少见。不过，少数红隼表现出了对城市环境的高度适应性，在厦门市区的某些高楼周围，就经常能看到它们翱翔的身影。

　　红隼体长 33 厘米。喜开阔原野。栖息于山地和旷野中，多单个或成对活动。以猎食时有空中悬停的习性而著名。

　　红隼吃大型昆虫、小型鸟类、青蛙、蜥蜴以及小型哺乳动物。

叫声：刺耳高叫声 yak yak yak yak yak。

叫声：繁殖期在水上相互追逐并发出叫声，重复的高音吱叫声 ke-ke-ke-ke。

122 | 小䴙䴘 (pì tī)
Little Grebe

　　小䴙䴘比成人的拳头大不了多少，差不多是个头最小的会潜水的鸟儿。它还有一个绝技，就是在水面上拍打着翅膀急速奔跑，在身后留下一连串的涟漪，此举被观鸟爱好者们夸赞为金庸小说里描写的"凌波微步"。小䴙䴘在中国绝大多数地方的水域都能看到，由于总是潜入水里消失不见，过一会又冒出头来，就像是被按进水里又自动会浮上来的葫芦瓢一样，所以南京一带的老百姓干脆直接叫它作"葫芦瓢"。

　　小䴙䴘体型短圆，体长 27 厘米。喜清水及有丰富水生生物的湖泊、沼泽及涨过水的稻田，通常单独或成分散小群活动。走路不稳，精通游泳和潜水。

　　小䴙䴘以捕捉的小鱼、泥鳅等为食，偶尔也会吃小虾或其他小型节肢动物。

123 凤头䴙䴘 (pì tī)
Great Crested Grebe

和小䴙䴘相比，凤头䴙䴘是个大块头。不过这个大块头的形象一点儿也不粗鲁，优雅细长的脖子和脑后两侧别致高傲的凤冠让它宛若一个水上美人。所有的䴙䴘都是潜水高手，凤头䴙䴘更是其中的翘楚。凤头䴙䴘通常只有在冬季才会待在闽南，不过偶尔有几只会一直待到春天，这时候你就会发现它们纷纷长出了"络腮胡"，那是它们的繁殖羽，说明它们已经做好准备，要迎接爱情的来临了。

凤头䴙䴘体长 50 厘米。成对或集成小群活动在既是开阔水面又长有芦苇水草的湖泊中，极善水性，飞行较快。繁殖期成对作精湛的求偶炫耀，两相对视，身体高高挺起并同时点头，有时嘴上还衔着植物。

凤头䴙䴘主要以各种鱼类为食。也吃昆虫、甲壳动物、软体动物等水生无脊椎动物。

叫声：成鸟发出深沉而洪亮的叫声，雏鸟乞食时发出笛声 ping-ping。

124 ｜ 黑颈䴙䴘 (pì tī)
Black-necked Grebe

　　闽南常见的三种䴙䴘中，黑颈䴙䴘是最罕见的，每年的目击记录都只有几只。黑颈䴙䴘的个头介于小䴙䴘和凤头䴙䴘之间，最独特的特征是它那红宝石一样的眼睛。黑颈䴙䴘在闽南地区只是越冬，如果你有机会在夏季去新疆，在那边的大型湖泊里，你就能看到它帅气的繁殖羽——耳后两簇金光闪闪的羽毛，就像是古代中了状元后插的一双金帽翅。

　　黑颈䴙䴘体长 25～34 厘米。喜成群在淡水或咸水上繁殖。冬季结群于湖泊及沿海。从清晨一直到黄昏，几乎全在水中，一般不上到陆地。

　　黑颈䴙䴘食物主要为昆虫及其幼虫，各种小鱼、蛙、蝌蚪、蠕虫以及甲壳和软体动物。

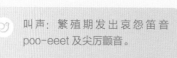

　　叫声：繁殖期发出哀怨笛音 poo-eeet 及尖厉颤音。

125 普通鸬鹚 (lú cí)
Great Cormorant

　　每到秋冬季，厦金海域的晨昏时分，天空中总是能看到一群又一群黑色的"大雁"，它们就像书本里写的那样，一会儿排成"一"字，一会儿排成"人"字。不过这些鸟儿并非真正的大雁，它们都是来这里越冬的普通鸬鹚。潜入水中捕食鱼类是普通鸬鹚的拿手好戏。别看它看上去黑乎乎的不起眼，但若是在阳光下靠近去看，你会发现普通鸬鹚浑身都散发出古铜色的光芒，一双犹如祖母绿般美丽的瞳孔更是迷人。

　　普通鸬鹚体长 90 厘米。常成群栖息于河流、湖泊、池塘、水库、河口及其沼泽地带。善游泳和潜水，游泳时颈向上伸得很直、头微向上倾斜，潜水时首先半跃出水面，再翻身潜入水下。常停

栖在岩石或树枝上晾翼。飞行呈"V"字形或直线。中国南方很多河流上的传统渔民过去都曾有过捕捉普通鸬鹚并训练它们捕鱼的经历。

　　普通鸬鹚主要以各种鱼类为食，通过潜水捕食。

叫声：繁殖期发出带喉音的咕哝声，其他时侯无声。

126 | 白鹭 (lù)
Little Egret

　　白鹭是厦门的市鸟。厦航的飞机每到降落的时候，机舱内的广播里就传来"人生路漫漫，白鹭常相伴"的广告语，可以毫不夸张地讲，白鹭已经是厦门人民和厦门本土企业的骄傲和象征。白鹭在厦门生活、繁殖，深受人民的喜爱。作为典型的湿地依赖鸟类，白鹭种群的生存状况也间接地反映了湿地环境的状况，厦门作为拥抱大海的城市，始终能有白鹭相伴，是大自然赐予的福气。

　　白鹭体长 60 厘米。栖息于稻田、河岸、沙滩、泥滩及沿海小溪流。成散群进食，常与其他种类混群。有时飞越沿海浅水追捕猎物。夜晚飞回栖处时呈"V"字队形。与其他水鸟一道集群营巢。

叫声：于繁殖巢群中发出呱呱叫声，其余时候寂静无声。

　　白鹭以各种小鱼、黄鳝、泥鳅、蛙、虾、水蛭、蜻蜓幼虫、蝼蛄、蟋蟀、蚂蚁、蛴螬等动物性食物为食，也吃少量谷物等植物性食物。

127 | 黄嘴白鹭 (lù)
Chinese Egret

国家二级保护动物

黄嘴白鹭第一次被现代科学意义上记录在案就是发生在一百多年前的厦门。如今黄嘴白鹭是全世界最濒危的鸟类之一，全球总量只有两千只左右。这种堪称所有鹭鸟中最为优雅的鸟儿主要生活在海滨和海岛上，并且只在海岛上繁育后代。早期，黄嘴白鹭美丽的羽毛让它成了猎人的目标，为它招来灾祸；近现代，少数渔民在海岛上非法捡拾鸟蛋的行为又导致了其种群难以恢复。厦门滨海每年都能发现数只黄嘴白鹭的身影。如何保护好它们的种群，还任重道远。

黄嘴白鹭体长 68 厘米。栖息于海岸峭壁树丛、潮间带、盐田以及内陆的树林、河岸、稻田。似白鹭，不停地在浅水中追逐猎物。常一脚站立于水中，另一脚曲缩于腹下，头缩至背上呈驼背状，长时间呆立不动，

黄嘴白鹭主要以各种小型鱼类为食，也吃虾、蟹、蝌蚪和水生昆虫等动物性食物。

叫声：常无声，受惊时发出低音的呱呱叫声。

128 岩鹭 (lù)
Reef Heron

　　不同于其他常见鹭鸟，岩鹭主要生活在大海中的礁岩上。沿海岸线地带的岩石上，偶尔也能在发现正在休息的它们。岩鹭为什么那么黑？是海面上的紫外线太强所以给"晒"黑了吗？岩鹭为什么是鹭鸟中的"小短腿"，难道是这样才有利于它们在海风肆掠的小岛上保持稳定？其实关于这种鸟我们还有很多不了解的地方。如果读了这本书让你从此以后走上喜欢鸟类、研究鸟类的道路，那么将来说不定有一天解开这些谜题的正是你！

　　岩鹭体长 58 厘米。喜欢栖息在多岩礁的海岛和海岸岩石上，飞行时速度缓慢，常在海上及岩礁上低空飞翔。

　　岩鹭主要以鱼类、甲壳类、昆虫和软体动物等动物性食物为食。

叫声：进食时发出粗哑呱呱的喉音，告警时发出更为粗哑的 arrk 声。

129 | 夜鹭 (lù)
Black-crowned Night-Heron

夜鹭有着红宝石一样的大眼睛，这有利于它在光线昏暗的时候看得更清楚一点。顾名思义，夜鹭在晨昏时分比白天会更加活跃，这样就可以成功地避开与其他鹭鸟（比如白鹭）之间的觅食竞争。夜鹭的成鸟很漂亮，蓝中带黑的冠羽，灰中泛蓝的翅膀，相当帅气。不过夜鹭的幼鸟就远不如它们的父母了，浑身布满了褐色的麻点，一点儿都不好看。当然，这不好看的外衣其实是小夜鹭很好的伪装服，大大地减少了它们被猛禽捕食的可能性。

夜鹭体长 61 厘米。栖息和活动于平原和低山丘陵地区的溪流、水塘、江河、沼泽和水田地附近的大树、竹林。结群营巢于水上悬枝，甚喧哗。夜鹭取食于稻田、草地及水渠等湿地环境。主要以鱼、蛙、虾、水生昆虫等动物性食物为食。

叫声：飞行时发出深沉喉音 wok 或 kowak-kowak，受惊扰时发出粗哑的呱呱声。

130 绿鹭 (lù)
Striated Heron

绿鹭和夜鹭一样，小时候长得难看，大了却相当漂亮。绿鹭的数量远少于白鹭和夜鹭，它也不像白鹭和夜鹭那样喜欢一大群聚集在一起的群居生活，通常就是一家人静悄悄地过小日子。绿鹭比较矮小，白天喜欢在水边的隐蔽处蹲守猎物，所以观察它最好的视角是坐在小船上向两岸搜寻。我曾经在广西阳朔的遇龙河上乘坐竹筏游玩，一路上就看到好几次绿鹭。

绿鹭体长 43 厘米。性孤僻羞怯。栖于池塘、溪流及稻田，也栖于芦苇地、灌丛或红树林等覆盖浓密的地方。飞行速度甚快，但通常飞行高度较低。

绿鹭主要以鱼为食。也吃蛙、蟹、虾、水生昆虫和软体动物。

叫声：告警时发出响亮具爆破音的 kweuk 声，也作一连串的 kee-kee-kee-kee 声。

叫声：通常无声，争吵时发出低沉的呱呱叫声。

131　池鹭 (lù)
Chinese Pond-Heron

　　每到繁殖季节，池鹭就会换上堪称美艳的繁殖羽——棕红色的颈脖、黑紫色的背，还有淡蓝色的眼先和明黄色的眼圈，甚至有的时候连双腿都会泛起红光，叫人越看越喜欢。池鹭的生活里离不开水，池塘里的鱼虾和泥鳅是它的最爱。飞起来的时候，它洁白的翅膀和深色的背部形成鲜明的对比，就好像穿了件背心，所以即使远远地看，人们也很容易将池鹭和白鹭区分开。

　　池鹭体长47厘米。栖于稻田或其他漫水地带。每晚三两成群飞回群栖处，飞行时振翼缓慢，翼显短。与其他水鸟混群营巢。

　　池鹭以动物性食物为主，包括鱼、虾、螺、蛙、泥鳅、水生昆虫、蝗虫等，兼食少量植物。

132 牛背鹭 (lù)
Cattle Egret

　　闽南地区的农田里经常能看到一种白色的鹭，它们喜欢绕着耕牛生活，有时候干脆就站在牛背上，牛背鹭的名字由此而来。不同于我们经常看到的白鹭，牛背鹭的嘴是黄色的，脖子也显得短粗，每到繁殖季节，还会变成金灿灿的黄色，眼先部位也会变红，仿佛是为了爱情"急红了眼"。牛背鹭之所以喜欢和耕牛在一起，主要是因为耕牛会引来牛蝇，耕田时会将泥土里的虫子翻出来，吃草的时候又会惊起很多会飞的昆虫，而这些都是牛背鹭的美餐。

　　牛背鹭体长 50 厘米。栖息于牧场、湖泊、水库、山脚平原和低山水田、池塘、旱田和沼泽地上。与家畜及水牛关系密切。

　　牛背鹭是唯一不食鱼而以昆虫为主食的鹭类，也捕食蜘蛛、黄鳝、蚂蟥和蛙等其他小动物。

叫声：于巢区发出呱呱叫声，余时寂静无声。

133 | 草鹭 (lù)
Purple Heron

　　草鹭很低调，通常都是悄无声息地躲在半人高的草地里。只有当它们受到扰动，忽然高高飞起的时候，你才会发现原来这些优雅的飞行者就躲在你的附近。草鹭拥有细长的脖子和棕褐色的躯体，当它们在天空中缓缓拍动着翅膀时，就好像是一片悠哉的黄色云朵，令人过目难忘。只可惜，适合它们生存的拥有茂盛水草的湿地环境已经在闽南众多地区日渐消失，人们也就越来越难觅其踪了。

　　草鹭体长 80 厘米。主要栖息于开阔平原和低山丘陵地带的湖泊、河流、沼泽、水库和水塘岸边及其浅水处。喜稻田、芦苇地、湖泊及溪流。性孤僻，常单独在有芦苇的浅水中，低歪着头伺机捕鱼及其他食物。飞行慢而从容。

　　草鹭主要以小鱼、蛙、甲壳动物、蜥蜴、蝗虫等动物性食物为食。

叫声：粗哑的呱呱叫声。不
过一般很少鸣叫。

134 苍鹭 (lù)
Grey Heron

　　苍鹭来闽南是越冬的，并不在这里繁殖。所以在闽南看到的苍鹭，大多是它在浅水区盯着水面一动不动伺机觅食的场景。这幅苍鹭筑巢图是摄影师去它们在北方的繁殖地拍的。春天是搭巢繁殖的季节，眼前热情洋溢的画面，让第一次见到处于繁殖期的苍鹭的摄影师，一时半会儿还真有点适应不过来。能让绰号"长脖子老等"的苍鹭变得如此灵动，只能说——爱情真的是一种伟大的力量！

　　苍鹭体长 92 厘米。栖息于江河、溪流、湖泊、水塘、海岸等水域岸边及其浅水处，也见于沼泽、稻田、山地、森林和平原荒漠上水域的浅水处。飞行时翼显沉重。停栖于树上。

　　苍鹭主要以小鱼、泥鳅、虾、蜻蜓幼虫、蜥蜴、蛙和昆虫等动物性食物为食。

叫声：深沉的喉音呱呱声 kroak 及似鹅的叫声 honk。

135 | 大白鹭 (lù)
Large Egret

　　和厦门的市鸟白鹭相比，大白鹭的个头要大一倍都不止。白鹭在闽南地区是留鸟，大白鹭则是冬候鸟，它们主要在长江流域繁殖。每到繁殖期，大白鹭就会长出蕾丝般的饰羽，甚至还能像孔雀一样"开屏"。眼先裸露的肤色也变成了奇特的绿色。你有没有发现，大白鹭的脖子很特别，就像成年男子一样，长了一个突出的喉结。

　　大白鹭体长 95 厘米。栖息于海滨、水田、湖泊、红树林及其他湿地。站姿高直，从上方往下刺戳猎物。飞行优雅，振翅缓慢有力。

　　大白鹭主要以直翅目、鞘翅目、双翅目昆虫，甲壳动物，软体动物，水生昆虫，以及小鱼、蜥蜴等动物性食物为食。

叫声：告警时发出低声的呱呱叫 kraa。

136 中白鹭 (lù)
Intermediate Egret

　　个头夹在大白鹭和白鹭中间的中白鹭很容易被大家忽略，毕竟论个头它比白鹭大不了多少，论长相也不算奇特。中白鹭的嘴和它的"大哥""小弟"有些不同，平时白鹭的嘴是黑色的，大白鹭是黄色的，而中白鹭的嘴是黄色的，但嘴尖部分是黑色，嘴裂的位置也比较靠前，不像大白鹭那样一直裂到眼睛后方。

叫声：甚安静，受惊起飞时发出粗喘声 kroa-kr。

　　繁殖季的中白鹭嘴会变成黑色，同时和大白鹭一样长出漂亮的饰羽，用来征服异性的心；与此同时，它的眼睛也会变成一对红宝石，很迷人。不过要想看到这样的画面，你需要往北走，起码要去长江流域才有机会。

　　中白鹭体长 69 厘米。栖息于河流、湖泊、河口、海边和水塘岸边浅水处及河滩上，也常在沼泽和水稻田中活动。飞行时颈缩成"S"形，两脚直伸向后，超出尾外，两翅鼓动缓慢，飞行从容不迫，呈直线。

　　中白鹭主要以鱼，虾，蛙，蝗虫、蝼蛄等水生和陆生昆虫，以及其他小型无脊椎动物为食。

137 ｜ 黄苇鳽 (jiān)
Yellow Bittern

　　作为一种可以长时间纹丝不动的鸟儿，当黄苇鳽隐匿在湿地植物（比如芦苇丛）中耐心地等待鱼儿游入伏击范围的时候，你几乎会和那鱼儿一样，根本意识不到它的存在。即便是在芦苇丛中移动，它也是一副不紧不慢的样子。然而，当黄苇鳽飞起来的时候，你就会发现原来它是那么的优雅，一点儿也不输白鹭的轻盈。

　　黄苇鳽体长 32 厘米。喜河湖港汊地带的河流及水道边的浓密芦苇丛，也喜稻田。常沿沼泽地芦苇塘飞翔或在水边浅水处慢步涉水觅食。

　　黄苇鳽主要以小鱼、虾、蛙、水生昆虫等动物性食物为食。

叫声：通常无声，飞行时发出略微刺耳的断续轻声 kakak kakak。

叫声：受惊起飞时发出呱呱叫声，求偶叫为低声的 kokokokoko 或 geg-geg。

138 | 栗苇鳽 (jiān)
Cinnamon Bittern

　　栗苇鳽是闽南地区比较少见的夏候鸟。与较为常见的飞羽是黑色的黄苇鳽不同，栗苇鳽通体都是栗黄色。苇鳽类的鸟觅食的时候全神贯注，图片中"低头伸脖，步履轻缓，紧盯目标"正是它们的招牌形象，给人一种有点滑稽也有点蠢萌的感觉。不过栗苇鳽一旦展翅飞翔，就会在瞬间变得轻盈优雅，像一个掌握了御风之术的黄衫少年，风度翩翩。

　　栗苇鳽体长 41 厘米。栖息于芦苇沼泽、水塘、溪流和水稻田中。多在晨昏和夜间活动，白天也常活动和觅食，不过是在隐蔽阴暗的地方。性胆小而机警，通常很少飞行。

　　栗苇鳽主要以小鱼、虾、蛙、昆虫等动物性食物为食。

139 | 黑冠鳽 (jiān)
Tiger Bittern

在台北植物园有过观鸟体验的朋友，都知道那里的黑冠鳽几乎可以和人类零距离。这种呆萌呆萌的鸟儿最喜爱的食物是泥土中的蚯蚓，游人经常可以看见它与蚯蚓"拔河"的场景。近年在厦门，黑冠鳽只出现过一次，当时十几位观鸟爱好者围着它看，它依旧是一副"我自岿然不动"的神态，让初次见它的众人惊奇不已。

黑冠鳽体长 49 厘米。白天通常在浓密植丛或近地面处活动，夜晚在开阔地进食，受惊时飞至附近树上。

黑冠鳽主要食物是蚯蚓、湿地中的小鱼虾及水生昆虫。

叫声：一连串深沉的 oo 声，通常于晨昏在林上层作叫；也作粗哑的呱呱声及喘息声 arh, arh, arh。

140 | 白琵鹭 (lù)
White Spoonbill

　　白琵鹭和白鹭长得有一点像，都是长嘴长腿，浑身雪白。不过和白鹭又细又长的大嘴相比，白琵鹭的嘴要有特色得多——末端膨大的形状宛如琵琶，"琵鹭"也由此得名。这种嘴型让白琵鹭显然无法像白鹭那样依靠颈部的爆发力，用长喙快速地刺穿水中的鱼儿，只能将大嘴埋在湿地的浅水中左右摆动，依靠喙上的感觉器官，一旦碰触到食物，就立刻像夹子一样拼命地夹住。所以它的食谱里，不太擅长"跑路"的螺、虾、蟹要远比机灵的鱼儿多得多。

　　白琵鹭体长 84 厘米。栖息于沼泽地、水塘、湖泊或泥滩。

　　白琵鹭主要以虾、蟹、水生昆虫、蠕虫，以及蛙、蝌蚪、蜥蜴、小鱼等小型脊椎动物和无脊椎动物为食，偶尔也吃少量植物性食物。

叫声：繁殖期外寂静无声。

141 黑脸琵鹭 (pí lù)
Black-faced Spoonbill

国家二级保护动物

　　黑脸琵鹭一度陷入全世界不足 900 只的危险境地，这些年在东亚各国和地区的共同努力下，数量逐渐恢复到 3000 只左右。尽管与福建省隔海相望的台湾岛是黑脸琵鹭全球最大的越冬地，香港的米铺湿地也有不少，在闽南地区却只有零星的几笔记录，还都是过境的记录。因为闽南沿海适合它生活的滩涂已经越来越少了。图片中黑脸琵鹭颈脖上漂亮的金黄色羽毛是它的繁殖羽，通常要等到春夏之交，繁殖季节开始的时候才能看到。

　　黑脸琵鹭体长 76 厘米。主要栖息于沿海及其岛屿和海边湿地。内陆湖泊、水塘、河口、芦苇沼泽、水稻田偶有发现，飞行时姿态优美而平缓。

　　黑脸琵鹭主要以小鱼、虾、蟹、昆虫以及软体动物等为食。

142 | 卷羽鹈鹕 (tí hú)
Dalmatian Pelican

　　尽管全世界的卷羽鹈鹕数量并不少，但东亚沿海迁徙的这个卷羽鹈鹕的种群只有六十余只，生存状况不容乐观。卷羽鹈鹕是世界上最大的能够飞翔的鸟类之一，亲眼目睹它们飞翔的时候感觉就像是一架架小型轰炸机从头顶飞过。卷羽鹈鹕只是在迁徙途中偶尔会在闽南稍作休憩，和它们如此近距离相逢自然是一件很令人激动的事情。

　　卷羽鹈鹕体长 75 厘米。栖息于内陆湖泊、江河与沼泽，以及沿海地带等。喜群居和游泳，但不会潜水，也不善于在陆地上行走。

　　卷羽鹈鹕以鱼为主食。

叫声：繁殖期发出沙哑的嘶嘶声。

143 东方白鹳 (guàn)
Oriental White Stork

东方白鹳在闽南绝对是稀客，位于长江中下游的鄱阳湖地区才是它们冬季最爱待的地方。有一年，不知道何种原因，一只东方白鹳飞到厦门逗留，这成了厦门的鸟类爱好者们那几天最激动的事情。它个头很大，有大半个成人那么高，浑身洁白无瑕。黑色的部分不是它的尾巴，而是翅膀末端黑色的飞羽收起来后叠在一起的效果。在欧洲，东方白鹳的近亲欧洲白鹳是童话故事里的"送子鸟"，它们外表最大的区别就是，东方白鹳的嘴是黑色的，而欧洲白鹳的嘴是红色的。

东方白鹳体长 102 厘米。繁殖期主要栖息于开阔而偏僻的平原、草地和沼泽地带。筑巢于高大乔木或建筑物上。冬季结群活动，取食于湿地。在地面上起飞时需要首先要奔跑一段距离，并用力扇动两翅，待获得一定的上升力后才能飞起。飞行时常随热气流盘旋上升。

东方白鹳食物以鱼类为主。但季节不同，取食也有变化，冬季和春季主要采食植物种子和叶、草根、苔藓和少量的鱼类；夏季以鱼类为主，也吃蛙、鼠、蛇、蜥蜴、蜗牛、昆虫及其幼虫，以及雏鸟等其他动物性食物；秋季捕食大量的蝗虫。

叫声：发现有入侵领地者，就会通过嘴叩击发出啪哒啪哒的声响。

144 红喉潜鸟
Red-throated Loon

　　红喉潜鸟只有在冬季才会飞临闽南海域。作为一种可以在水面上踏浪"行走"的神奇鸟儿，它自然会吸引爱鸟人士的目光。虽然名字叫红喉潜鸟，可在闽南海域看到的红喉潜鸟的喉部都是白色的。原来啊，只有到了夏季进入繁殖季节，它的喉咙才会由白变红，可那个时候它们早就离开，飞到遥远的北方海域去了。

　　红喉潜鸟体长 61 厘米。繁殖于淡水区域，但越冬在沿海水域，成群活动。善游泳和潜水，不用在水面助跑就可在水中直接飞出，飞行亦很快。

　　红喉潜鸟主要以各种鱼类为食。也吃甲壳动物、软体动物、鱼卵、水生昆虫和其他水生无脊椎动物。

叫声：飞行时发出似雁叫的 gwuk-gwuk-gwuk 声。

叫声：清晰的双音节哨音 kwah-he、kwah-wu 似 蓝 翅八色鸫，但较长较缓。

145 仙八色鸫 (dōng)
Fairy Pitta

IUCN 红色名录：易危（VU）

　　仙八色鸫在鸟类演化史中属于较为古老的一类鸟，它性格机敏低调，除了繁殖季为了呼唤爱侣之外几乎不会鸣叫，而且通常都生活在隐秘的灌丛下方，让人难以发现。在厦门找到仙八色鸫，是很多厦门观鸟爱好者多年来一直渴望却一直未能实现的梦想，没想到这个梦想被大同小学的一帮刚刚学会观鸟的小学生们最先实现了。2016 年春天，他们发现就在大同小学一株有近百年历史的老树上，飞来了一只又漂亮又没有尾巴的鸟，查了一下资料，正是仙八色鸫。观鸟果然要从娃娃抓起啊！

　　仙八色鸫体长 20 厘米。栖息于平原至低山的次生阔叶林内。包括种植园、亚热带或热带的湿润低地林、亚热带或热带的旱林、亚热带或热带的（低地）湿润疏灌丛和河流、溪流。也出入于庭园和村屯附近的树丛内。常在灌木下的草丛间单独活动，边在地面上走边觅食，行动敏捷，性机警而胆怯，善跳跃，多在地上跳跃行走。飞行直而低，飞行速度较慢。

　　仙八色鸫主要以昆虫为食，常在落叶丛中或以喙掘土觅食蚯蚓、蜈蚣及鳞翅目幼虫，也食鞘翅目等昆虫。

146 橙腹叶鹎 (bēi)
Orange-bellied Leafbird

橙腹叶鹎拥有钴蓝色的髭纹、藏蓝色的胸口和翅膀，再配上橙色的腹部和翠绿色的枕背，不愧是闽南地区能够见到的最漂亮鸟儿之一。当它飞起来时，简直就像是一朵会飞的花儿。橙腹叶鹎还有一副天生的好嗓子，爱在枝头间唱个不停。微微下弯的喙对喜爱吸食花蜜的它而言是再合适不过了。

橙腹叶鹎体长 20 厘米。栖息于低山丘陵和山脚平原地带的森林。多在溪流附近和林间空地等开阔地区的高大乔木上出入，偶尔也到林下灌木和地上活动和觅食。性活泼，常不停地在枝叶间跳上跳下，或在林木间飞来飞去，并不断发出悦耳的叫声。

橙腹叶鹎主要以昆虫为食，也吃部分植物果实和种子。

叫声：清亮的鸣声及哨声，常模仿其他鸟的叫声。

叫声：粗哑似喘息的叫声；
吱吱的 ju ju ju 或 gi gi gi 声
及模仿其他鸟的叫声。

147　牛头伯劳
Bull-headed Shrike

　　牛头伯劳是闽南地区不多见的冬候鸟，为什么叫作这个名字我也不太清楚，可能是因为它的头相对于其他伯劳偏大的缘故吧。牛头伯劳通常在一些开阔的田野周边活动，因为这里不仅有良好的视野，更主要的是有充足的食物来源。昆虫是牛头伯劳的主食，但小型鼠类，甚至小型的蜥蜴和蛇类同样是它猎杀的对象。

　　牛头伯劳体长 19 厘米。栖息于山地稀疏阔叶林或针阔叶混交林的林缘地带。喜次生植被及耕地。和所有的伯劳一样，牛头伯劳生性凶猛，是个不折不扣的杀手。

　　牛头伯劳主要以蝇、蝗等鞘翅目、鳞翅目和膜翅目昆虫为食。

148 红尾伯劳
Brown Shrike

　　成语"劳燕分飞"里的"劳"指的就是红尾伯劳,因为在中原地区,红尾伯劳是冬候鸟,家燕是夏候鸟,所以红尾伯劳和家燕通常不会同时出现,"劳燕分飞"因此而来。在闽南地区,红尾伯劳是冬候鸟。伯劳类的鸟都是不折不扣的"杀手",虽然自身个体不大,但是小型鸟类、小型啮齿类、青蛙、小型蜥蜴甚至蛇都是它的盘中餐。

　　红尾伯劳体长20厘米。栖息于低山丘陵和山脚平原地带的灌丛、疏林和林缘地带。喜开阔耕地及次生林,包括庭院及人工林。单独或成对栖于灌丛、电线及小树上,性活泼,常在枝头跳跃或飞上飞下。捕食飞行中的昆虫或猛扑地面上的昆虫和小动物。

　　红尾伯劳主要以昆虫等动物性食物为食。

叫声:冬季通常无声,繁殖期发出 cheh-cheh-cheh 的叫声及鸣声。

149 | 棕背伯劳
Long-tailed Shrike

　　棕背伯劳是闽南最常见的鸟儿之一，经常站立在高高的枝头或者突兀的地方以求良好的捕猎视野。棕背伯劳在傍晚经常会发出凄厉的叫声，连人类听了都会有些不寒而栗。更厉害的是，棕背伯劳还会学其他很多小鸟的鸣叫用以勾引它们出来，鉴于棕背伯劳是鸟类中出了名的"杀手"，这种效鸣对这些小鸟来说，无异是可怕的"勾魂曲"。

　　棕背伯劳体长25厘米。栖息于低山丘陵和山脚平原地区，喜草地、灌丛、茶林、丁香林及其他开阔地。立于低树枝，猛然飞出捕食飞行中的昆虫，常猛扑地面的蝗虫及甲壳虫。性凶猛，不仅善于捕食昆虫，也能捕杀小鸟、蛙和啮齿类。领域性甚强。

　　棕背伯劳主要以昆虫等动物性食物为食。

叫声：粗哑刺耳的尖叫 terrr 及颤抖的鸣声，有时模仿其他鸟的叫声。

叫声：粗哑短促的 ksher 叫声或哀怨的咪咪叫。

150 松鸦
Eurasian Jay

　　闽南的山区经常能遇到松鸦在森林间一闪而过的身影。松鸦独特的藕粉色身躯和两翼的亮蓝色花纹让它显得颇有些另类，再加上两撇"小胡子"，更是叫人越看越觉得有趣，越看越喜欢。松鸦是群居鸟类，和乌鸦一样同属鸦科，所以智商超群，战斗力爆棚，经常会主动围攻猛禽。至于食物方面，松鸦虽然爱吃松子，但一点也不挑食，动物尸体、鸟蛋、果实都不会放过。松鸦对环境的强大适应力让它遍布欧亚大陆，这一点从它的英文名字里的"Eurasian"就可以看出来——"euro-asian"（欧洲 - 亚洲）。

　　松鸦体长 35 厘米。栖息于针叶林、针阔叶混交林、阔叶林等森林中。性喧闹，喜落叶林地及森林。

　　松鸦以果实、鸟卵、动物尸体及橡树子为食。

151 红嘴蓝鹊
Red-billed Blue Magpie

　　多少人第一次在野外看到红嘴蓝鹊的时候都为它的美貌倾倒，它就像一个华丽的贵妇人；同样，多少人第一次看到它在野外捕食的场面也会大吃一惊，感叹它简直就是个"蛇蝎美人"——红嘴蓝鹊的食谱从水果到小型蜥蜴、蛙类，再到小鸟、蛇，简直无所不包。善于团队作战的红嘴蓝鹊一贯是所向披靡，甚至直接从猛禽嘴里夺食也毫不畏惧。

　　红嘴蓝鹊体长 54～65 厘米。栖息于山区常绿阔叶林、针叶林、针阔叶混交林和次生林等各种不同类型的森林中，性喧闹，结小群活动。常在枝间跳上跳下或在树间飞来飞去，飞翔时多呈滑翔姿势。亲鸟护巢性极强，性情十分凶悍。

　　红嘴蓝鹊主要以小型鸟类及卵、昆虫和动物尸体等动物性食物为食，也吃植物果实、种子和玉米、小麦等农作物，食性较杂。

152 | 灰喜鹊
Azure-winged Magpie

灰喜鹊通常分布在长江流域及以北地区。在厦门岛的筼筜湖和西堤海湾公园一带却很容易看到，这原本可能是一个逃逸或者被放生的种群，经过数十年不断自行繁育而成。灰喜鹊之所以能够在这一带安家落户，除了公园里食物来源丰富和闽南地区温和舒适的气候之外，还有很重要的原因是灰喜鹊是鸦科动物，具有极高的智商，懂得依靠集体的力量不断地适应周边的环境并拓展地盘。

灰喜鹊体长35厘米。主要栖息于开阔的松林及阔叶林，公园和城镇居民区。经常穿梭似地在丛林间跳上跳下或飞来飞去，但飞不多远就落下，很少做长距离飞行。

灰喜鹊杂食性，但以动物性食物为主，主要吃半翅目的蝽象，鞘翅目的昆虫及幼虫，兼食一些植物果实及种子。

叫声：叫声为粗哑高声的 zhruee 或清晰的 kwee 声。

153 | 灰树鹊
Grey Treepie

　　灰树鹊堪称闽南山林里最吵闹的鸟儿。经常能听到它们在山梁上空大声"吵架"。灰树鹊大多数情况下都在树冠层活动，较少下到地面觅食。单只的情况下，它们的胆子并不像其个头那么大，所以灰树鹊喜欢集群生活，依靠"鸟多力量大"，不仅不用担心天敌，有时候更是森林里的一霸，其他的鸟群都不会轻易去惹它们。

　　灰树鹊体长 38 厘米。栖息于山地阔叶林、针阔叶混交林和次生林，也见于林缘疏林和灌丛。

　　灰树鹊主要以浆果、坚果等植物果实与种子为食，也吃昆虫等动物性食物。

叫声：粗犷的金属般铿锵声 klok-kli-klok-klikli，也作粗哑乐音，告警时叽喳作叫。

154 喜鹊
Black-billed Magpie

喜鹊的叫声其实并不比乌鸦动听，但是因为传说中喜鹊会在每年的农历七月七日，飞上天去给牛郎织女搭桥相会，所以被民间视为吉庆之鸟。喜鹊在闽南地区较为常见，由于喜鹊的巢通常比较巨大，所以很多高大坚固的输电铁塔就成了它们选择搭巢的对象。厦门电业局的工程师们还发明出一种小设备，既可以方便喜鹊在铁塔上搭巢，也可以防止喜鹊粪便等对铁塔造成腐蚀，体现了人与自然和谐共处的精神。

喜鹊体长 45 厘米。栖息地多样，常出没于人类活动地区，喜欢将巢筑在民宅旁的大树上。全年大多成对生活。性机警，觅食时常有一鸟负责守卫，如发现危险，守望的鸟发出惊叫声，同觅食鸟一同飞走。

喜鹊杂食性，食物组成随季节和环境而变化，夏季主要以昆虫等动物性食物为食，其他季节则主要以植物果实和种子为食。

叫声：叫声为响亮粗哑的嘎嘎声。

叫声：发出粗哑的嘎嘎叫声
kraa。

155 | 小嘴乌鸦
Carrion Crow

　　小嘴乌鸦在闽南地区比较少见，一般只有在秋冬季才能偶有发现。小嘴乌鸦虽然其貌不扬、叫声也难听，但是俗话说"人不可貌相"，它可是世界上最聪明的鸟类之一。据科学家研究，其智商可以与幼儿园的小朋友相比。在日本，有些小嘴乌鸦已经自行学会了在斑马线上利用行驶的汽车碾碎坚果的硬壳，然后等红灯亮起的时候再飞过去啄食的本领。

　　小嘴乌鸦体长 50 厘米。喜结大群栖息，常在低山区繁殖。冬季游荡到平原地区和居民点附近寻找食物和越冬，在市区栖息，而在市郊的垃圾场觅食。

　　小嘴乌鸦以无脊椎动物为主要食物，但喜吃动物尸体，常在道路上吃被车辆压死的动物。亦食植物的种子和果实。

156 | 大嘴乌鸦
Large-billed Crow

在中国北方，无论山林还是原野，大嘴乌鸦都是很常见的鸟，然而在闽南地区，大嘴乌鸦实属罕见。尽管大嘴乌鸦和小嘴乌鸦都是全身黑乎乎的，但切记，并非所有的乌鸦都是黑的，比如在闽南滨海地区比较多见的白颈鸦，就好像是大嘴乌鸦戴了一条白色的大围巾。大嘴乌鸦很聪明，据说其智商相当于四五岁的儿童。所以"乌鸦喝水"的故事，完全有可能是真的哦。

大嘴乌鸦体长 50 厘米。栖息于低山、平原和山地阔叶林、针阔叶混交林、针叶林、次生杂木林、人工林等各种森林类型中，尤以疏林和林缘地带较常见。对环境的适应能力很强，无论山区、平原均可见到。

大嘴乌鸦主要以蝗虫、金龟甲、金针虫、蝼蛄、蛴螬等昆虫蛹为食，也吃雏鸟、鸟卵、鼠类、腐肉、动物尸体，以及植物叶、芽、果实、种子等。

叫声：粗哑的喉音 kaw 及高音的 awa、awa、awa 声；也作低沉的咯咯声。

157 | 暗灰鹃鵙 (jú)
Black-winged Cuckooshrike

　　闽南地区的暗灰鹃鵙通常是过境鸟，厦门的观鸟爱好者每年都能发现它们的踪迹，但是数量很有限，均限于个位数。除了一身鼠灰色的羽毛，几乎没有什么特色的暗灰鹃鵙看上去很低调，通常也很安静，藏在树枝间几乎一动也不动，也许迁徙的旅途太辛苦，它们太疲倦所以才会这样吧。

　　暗灰鹃鵙体长 23 厘米。栖息于以栎树为主的混交林、阔叶林缘、松林、热带雨林、针竹混交林，以及山坡灌木丛、开阔的林地及竹林。冬季从山区森林下移越冬。

　　杂食性，主食甲虫、蝗虫、铜绿金龟甲、蝽象、蝉等昆虫，也吃蜘蛛、蜗牛，以及少量植物种子。

叫声：鸣声为三个或四个缓慢而有节奏的下降笛音 wii wii jeeow jeeow。

158 灰喉山椒 (jiāo) 鸟
Grey-throated Winivet

灰喉山椒鸟和赤红山椒鸟是闽南最常见的两种山椒鸟，这两种鸟的雄性都是鲜亮的红色，而雌性则是明亮的黄色。当一大群山椒鸟落在树梢上的时候，就像是树上挂满了红彤彤、黄澄澄的辣椒，山椒鸟的名字也是由此而来。灰喉山椒鸟雄鸟的头部和喉咙都是鼠灰色，比起黑头黑脖的赤红山椒鸟看上去要素雅一些。

灰喉山椒鸟体长 17 厘米。栖息于海拔 2000 米以下的低山丘陵和山脚平原地区的次生阔叶林、热带雨林、季雨林等森林中。除繁殖期成对活动外，其他时候多成群活动。性活泼，飞行姿势优美，常边飞边叫。

灰喉山椒鸟主要以昆虫为食，所吃食物主要为甲虫、蝗虫、铜绿金龟甲、蝽象、蝉等昆虫，偶尔也吃少量植物种子。

叫声：轻柔而略似喘息声的 tsee-sip。

叫声：轻柔的 kroo-oo-oo-
tu-tup、tu-turr 或重复的
hurr 声，也有较高音的 sigit、
sigit、sigit。

159 赤红山椒 (jiāo) 鸟
Scarlet Minivet

　　赤红山椒鸟是闽南山区最为艳丽的鸟儿之一，而且喜欢集群，红色的雄鸟和黄色的雌鸟交织飞舞，犹如一团火焰在森林上空燃烧，十分壮观。这种集群的习性和漂亮的外表，令赤红山椒鸟成了鸟类摄影爱好者们特别喜欢的拍摄对象，但是想拍好它们并不容易，因为赤红山椒鸟觅食的节奏非常快，总是沿着树林对躲藏在树冠层中的昆虫一路"扫荡"，几乎片刻都不停歇。

　　赤红山椒鸟体长 19 厘米。栖息于海拔 2000 米以下的低山丘陵和山脚平原地区的次生阔叶林、热带雨林、季雨林等森林中。赤红山椒鸟主要以昆虫为食，所吃食物主要为甲虫、蝗虫、铜绿金龟甲、蜻象、蝉等昆虫，偶尔也吃少量植物种子。

160 | 灰卷尾
Ashy Drongo

　　灰卷尾在闽南并不常见，而且有不同的色型，有的眼圈周围全是白的，像戏台上的丑角一样；有的则除了眼睛是红的，全身上下都是灰溜溜的。灰卷尾的外表虽然不起眼，但是作为鸦科家族的成员，其好斗的性格特征非常明显，繁殖季节任何胆敢闯入它领地的鸟儿都会被毫不留情地驱赶。

　　灰卷尾体长 28 厘米。栖息于平原丘陵地带、村庄附近、河谷或山区以及停留在高大乔木树冠顶端或山区岩石顶上。成对活动，立于林间空地的裸露树枝或藤条，捕食过往昆虫，攀高捕捉飞蛾或俯冲捕捉飞行中的猎物。

　　灰卷尾主要以昆虫为食，如蜡象、白蚁和松毛虫，也吃植物种子。

叫声：清晰嘹亮的鸣声 huur-uur-cheluu 或 wee-peet、wee-peet，另有咪咪叫声及模仿其他鸟的叫声，据称有时在夜里作叫。

叫声：悦耳嘹亮的鸣声，偶
有粗哑刺耳叫声。

161 | 发冠卷尾
Spangled Drongo

　　猛一看，发冠卷尾似乎是黑色的，但是在阳光下，你会发现其实那些羽毛闪烁着深沉的带有金属感的蓝绿色，非常帅气；再加上两根细如发丝的冠羽，和末端卷翘的别致尾羽，发冠卷尾只要一出现，就会吸引不少观鸟爱好者的眼球。

　　发冠卷尾体长 32 厘米。栖息于海拔 1500 米以下的低山丘陵和山脚沟谷地带，多在常绿阔叶林、次生林或人工松林中活动。单独或成对活动，很少成群。喜森林开阔处，有时（尤其晨昏）聚集一起鸣唱并在空中捕捉昆虫，甚是吵嚷。飞行姿势较优雅，常常是先向上飞，在空中作短暂停留后，才快速降落到树上。

　　发冠卷尾主要以金龟甲、金花虫、蝗虫、蚱蜢、竹节虫、椿象、瓢虫、蚂蚁、蜂、蜻蜓、蝉等各种昆虫为食。

162 | 黑枕王鹟 (wēng)
Black-naped Monarch

黑枕王鹟雄鸟头顶一簇短黑的冠羽，看上去就像是清朝时期男人戴的"瓜皮帽"，加上它活泼好动的个性和抢眼的蓝色身躯，几乎没有观鸟爱好者不喜欢它。黑枕王鹟的迁徙路线主要沿着日本岛、琉球群岛、台湾岛等组成的岛链迁徙，所以它在闽南是不常见的冬候鸟，而在台湾岛就很常见。

黑枕王鹟体长16厘米。栖息于海拔1000米以下的低山丘陵和山脚平原地带的常绿阔叶林、次生林、竹林和疏林灌丛中。性活泼好奇，模仿其联络叫声易引出此鸟。多栖于森林较低层，尤喜近溪流的浓密灌丛。机警，行动敏捷，在树枝和灌丛间来回飞翔。

黑枕王鹟主要以昆虫为食。

叫声：鸣声为清脆的 pwee-pwee-pwee-pwee 声，联络叫声为粗哑的 chee、chweet 声。

163 寿带［鸟］
Asian Paradise-Flycatcher

　　雄性寿带有两根特别长的、飘逸的中央尾羽。因为名字里带有一个"寿"字，而且外形飘逸美观，所以寿带也是中国传统花鸟画中备受喜爱的题材。寿带在闽南地区以过境为主，目前还没有发现繁殖或者越冬的种群。尽管寿带近年来在厦门年年有记录，却极少有雄寿带的记录，大多数时候遇到的都是图中这样"短尾巴"的雌鸟。寿带大体上有两种色型，一种是白色，另一种是图中的这种棕红色。闽南地区目前为止还没有白色型寿带的观察记录。

　　寿带体长 22 厘米（雄鸟再加尾长 20 厘米）。栖息于低山丘陵和山脚平原地带的阔叶林和次生阔叶林中，尤其喜欢沟谷和溪流附近的阔叶林。习性与紫寿带相近。常从栖息的树枝上飞到空中捕食昆虫，偶尔亦降落到地上，落地时长尾高举。

　　寿带主要以昆虫为食。

叫声：发出笛声及甚为响亮
的 chee-tew 联络叫声，鸣
声高吭、洪亮，鸣叫时羽冠
耸立。

164 灰山椒 (jiāo) 鸟
Ashy Minivet

　　灰山椒鸟体型与习性和赤红、灰喉山椒鸟类似，但是嘴短小很多，身上也没有艳丽的羽色，低调得很。不过当一身灰黑的它在春天的山林里出现的时候，谁又能说它就不配做画面的主角呢？它美得就像是童话里的灰姑娘。

　　灰山椒鸟体长 20 厘米。栖息于茂密的原始落叶阔叶林和红松阔叶混交林中。常成群在树冠层上空飞翔，边飞边叫。树层中捕食昆虫。灰山椒鸟主要以叩头虫、甲虫、瓢虫、毛虫、蝽象等鞘翅目、鳞翅目、同翅目等昆虫为食。

　　叫声：飞行时发出金属般颤音。

165 栗腹矶鸫 (jī dōng)
Chestnut-bellied Rock Thrush

不出意外的话，在福建山区海拔较高的地方（通常在 1000 米以上）总能找到栗腹矶鸫。它们太醒目了——雄鸟的栗红色肚皮，雌鸟耳后的"月牙儿"都让人过目不忘；而且它们是相当具有"生活品位"的鸟儿，总爱站在高大的枯枝或者树冠上，体验一览众山小的"诗和远方"。

栗腹矶鸫体长 24 厘米。栖息于开阔而多岩的山坡林地。直立而栖，尾缓慢地上下弹动。有时面对树枝，尾上举。

栗腹矶鸫主要以昆虫为食。

叫声：联络叫声为 quock，告警叫声似松鸦的喘息叫声 chhrrs，间杂以尖而高的 tick 声；常于树顶发出悦耳的颤鸣声 teetatewleedee twet tew 及其变音。

166 | 蓝矶鸫 (jī dōng)
Blue Rock-Thrush

　　"矶"的意思是"水边的大石头"。顾名思义，我们就不难理解为什么闽南沿海的礁石海岸区域是最容易发现蓝矶鸫的地方了。蓝矶鸫的蓝和腹部的红都不是纯正的那种颜色，而是复古味很浓的色调，越看越有味道。尽管蓝矶鸫的数量并不多，但是艳丽的色彩让它很容易被发现，所以下次在海边散步的时候多留意一下吧。

　　蓝矶鸫体长 23 厘米。栖息于多岩石的低山峡谷以及山溪、湖泊等水域附近的岩石山地，以及海滨岩石和附近的山林中。常从栖息的高处直落地面捕猎，或突然飞出捕食空中活动的昆虫，然后飞回原栖息处。

　　蓝矶鸫主要以昆虫为食。

叫声：恬静的呱呱叫声及粗喘的高叫声，以及短促甜美的笛音鸣声。

叫声：受惊时慌忙逃至覆盖下并发出尖厉的警叫声，笛音鸣声及模仿其他鸟的叫声，告警时发出尖厉高音 eer-ee-ee。

167 | 紫啸鸫 (xiào dōng)
Blue Whistling-Thrush

　　那天下雨，摄影师本已收起相机，却在溪边听到一声长啸，仔细一看，一只紫啸鸫不知何时跳到眼前的一根老枝上，尾巴如折扇般开阖不停——这是它的招牌动作，于是有了这张照片。紫啸鸫身上闪闪发光的并非雨点，而是天生就长在羽毛上的"星星"。有意思的是在海峡对岸的台湾岛上，台湾紫啸鸫体态、习性各方面与紫啸鸫都几乎一样，唯独没有这些漂亮的"星星"。

　　紫啸鸫体长 32 厘米。栖息于多石的山间溪流的岩石上，往往成对活动，常在灌木丛中互相追逐，边飞边鸣，声音洪亮短促犹如钢琴声。在地面上或浅水中觅食。

　　紫啸鸫主要以昆虫和小蟹为食，兼吃浆果及其他植物。

168 橙头地鸫 (dōng)
Orange-headed Thrush

橙头地鸫一生大多数时间是在林区的地面上度过的。有意思的是，尽管它拥有艳丽的色彩，但是脸上那么长的"泪痕"让它看上去总是一副忧心忡忡的模样。很长一段时间内，人们都以为橙头地鸫在闽南地区仅仅是冬候鸟，后来随着观鸟爱好者的增加，才发现原来在闽南山区也有少量的橙头地鸫留下来并成功繁殖。更多的科学观察会获取更多的知识，从而改变我们对世界的认知。

橙头地鸫体长 22 厘米。栖息于阔叶林中或高大乔木之上。性羞怯，喜多荫森林，常躲藏在浓密覆盖下的地面。从树上栖处鸣叫。

橙头地鸫主要以昆虫为食。

叫声：告警时发出高声刺耳的哨音 teer-teer-teerrr。

169 | 虎斑地鸫 (dōng)
Scaly Thrush

虎斑地鸫是闽南地区的冬候鸟，它总是安静地在林下觅食或者干脆站立不动，一副呆头呆脑的模样。虎斑地鸫身上黄黑相间的纹路在落满枯叶的树林里是非常好的保护色，所以一动不动或许正是它隐匿行踪的高招。然而当它处于其他环境却不知变通时，此举就会弄巧成拙，反而让它的行踪更加暴露。[笔者注：根据新近的鸟类分类学研究成果，在闽南地区看到的虎斑地鸫通常应该为"怀氏虎鸫"（White's Thrush）]

虎斑地鸫体长 28 厘米。栖息于阔叶林、针阔叶混交林和针叶林中，尤以溪谷、河流两岸和地势低洼的密林中较常见。性胆怯，见人即飞。多贴地面在林下飞行，有时亦飞到

附近树上，起飞时常发出"嘎"的一声鸣叫，每次飞不多远即又降落在灌丛中。也能在地上迅速奔跑，多在林下地上落叶层中觅食。

虎斑地鸫主要以昆虫和无脊椎动物为食，也吃少量植物果实、种子和嫩叶。

叫声：轻柔而单调的哨音及短促单薄的 tzeet 声，指名亚种鸣声多变，为缓慢断续的 chirrup······chwee······chueu······weep······chirrol······chup······。

170 灰背鸫 (dōng)
Grey-backed Thrush

　　身着硕大的砖红色马甲，再披上一件水泥灰色的风衣，灰背鸫这套装扮的色彩搭配令人过目难忘。在闽南地区较为常见的几种同为冬候鸟的鸫里面，就数灰背鸫胆子比较大，只要它觉得人类没有什么恶意，就埋头专心用嘴翻起地上的落叶寻找昆虫作为食物，有时候和人类的距离甚至都不到 5 米。

　　灰背鸫体长 24 厘米。在林地及公园的腐叶间跳动。

　　灰背鸫主要以昆虫为食，也吃其他小型无脊椎动物和植物果实与种子。

　　叫声：优美悦耳的鸣声，告警时发出轻笑声及似喘息的 chuck chuck 声。

171 乌灰鸫 (dōng)
Japanese Thrush

　　黑色和白色是色彩的两个极端，但是它们放在一起又会相得益彰，比如大熊猫，比如图中的乌灰鸫——黑色和白色在它们身上搭配起来简直堪称完美。乌灰鸫在闽南地区是数量较少的冬候鸟，而且比其他几种鸫的胆子要小一点，很少会暴露在空旷之地，多数都是藏在灌丛底下，只有确认周围毫无威胁的情况下才会走出来，到周边草地上享受冬日的阳光和觅食。

　　乌灰鸫体长 21 厘米。栖息于灌丛和森林中。藏身于稠密植物丛及林子。甚羞怯。一般独处，但迁徙时结小群。

　　乌灰鸫主要以昆虫为食，也吃植物果实与种子。

叫声：鸣声圆润而带长长的
颤鸣音，在高树顶上作叫。

172 | 乌鸫 (dōng)
Eurasian Blackbird

　　乌鸫是闽南乃至中国最常见的鸟之一。尽管乌鸫拥有金色的眼圈和黄色的嘴，一身乌黑的它还是被很多不熟悉鸟类的朋友称为"乌鸦"，这实在是冤枉了它。古人早就发现乌鸫的叫声非常悦耳动听，送了它一个"百舌鸟"的雅号，哪能是叫声单调枯燥的乌鸦们能够比的呢！

　　乌鸫体长29厘米。主要栖息于次生林、阔叶林、针阔叶混交林和针叶林等各种不同类型的森林中。在城市绿地也很常见。

　　乌鸫是杂食性鸟类，食物包括昆虫、蚯蚓、浆果等。

叫声：鸣声甜美，告警时的嘟叫声也大致相仿，飞行时发出 dzeeb 的叫声。

173 | 白眉鸫 (dōng)
Eyebrowed Thrush

　　白眉鸫是鸫中的白眉大侠，每年冬季来闽南地区"巡视"一番。你看它东张西望的表情，好像在寻找对手打擂台呢！白眉鸫习性和灰背鸫相似，鸫类都差不多，属于看上去胆子大，甚至好奇心很重的模样，其实呢，胆子都很小，稍有风吹草动就飞进树林里躲起来。

　　白眉鸫体长 23 厘米。栖息于针阔叶混交林、针叶林和杨桦林中，尤以河谷等水域附近茂密的混交林最常见。性活泼喧闹，甚为温驯而好奇。

　　白眉鸫主要以昆虫为食，也吃植物果实与种子。

叫声：单薄的 zip-zip 声或拖长的 tseep 联络叫声。

174 白腹鸫 (dōng)
Pale Thrush

　　大多数鸫在闽南地区都是冬候鸟，通常只要守着一片很少被人类和流浪猫狗打搅的林下草地，往往就能与它们不期而遇。白腹鸫浑身没什么花纹，咖啡色的背部和沾着土黄色的胸口，看上去极为素净，却也因此让它并不十分鲜艳的金色眼圈显得很出挑。闽南的漳州地区，曾有长期捕杀白腹鸫并制作成食物的恶习（近年来情况略有好转），所以来这里越冬的白腹鸫都极其畏人，人刚要靠近，它们就会急匆匆地飞到树上躲起来。

　　白腹鸫体长 24 厘米。栖息于低地森林、次生植被、公园及花园。性羞怯，藏匿于林下。善于在地上跳跃行走，多在地上活动和觅食。

　　白腹鸫主要以昆虫为食，也吃植物果实与种子。

叫声：极善鸣叫，鸣声清脆响亮，很远即能听见；似赤胸鸫的 chuck-chuck 声；告警时发出粗哑连嘟声，受驱赶时发出高音的 tzee。

叫声：叫声为一连串粗哑的 chuck-chuck 声；鸣声为三音节的 krrn-krrn-zee。

175 赤胸鸫 (dōng)
Brown-headed Thrush

赤胸鸫在闽南属于比较少见的鸫。习性和前面的几种类似，甚至长相也差不多。赤胸鸫是鸫类"找不同"游戏的好样本：和白眉鸫相比，它没有白眉毛；和白腹鸫相比，它胸口和两胁的橙红色面积要鲜艳得多；和灰背鸫相比，它的背是明显的褐色。总之，赤胸鸫和它的朋友们如此相似但又有所不同。大自然就是这么神奇。

赤胸鸫体长 24 厘米。栖息于混合型灌丛、林地及有稀疏林木的开阔地带，常见于树顶。进食在有覆盖的开阔处。

赤胸鸫主要以昆虫为食，也吃植物果实与种子。

176 斑鸫 (dōng)
Dusky Thrush

斑鸫无论是胸口还是背部看上去都是斑斑点点的，在中国北方地区较为常见。和来闽南越冬的其他鸫类相比，斑鸫的数量较少，但似乎更爱集群。来闽南越冬的斑鸫通常比较安静，喜欢站立不动，很少像它们在北方地区那样不停地在枝头间飞舞。至于为什么会这样？我也不清楚，也许它们是喜欢静静地享受闽南冬季温暖的阳光吧。

斑鸫体长 25 厘米。栖息于西伯利亚泰加林、桦树林、白杨林、杉木林等各种类型森林和林缘灌丛地带。喜开阔的多草地带及田野。活动时常伴随着"叽 - 叽 - 叽"的尖细叫声。性大胆，不怕人。

斑鸫主要以昆虫为食，冬季也会吃浆果。

叫声：轻柔而甚悦耳的尖细叫声 chuck-chuck 或 kwa-kwa-kwa，也有似椋鸟的 swic 声；告警时发出快速的 kveveg 声。

叫声：鸣声为清晰甜美的哨音 chic……chiree-chilee，重音在两音节的第一音，最后音上升；也发 churrru 的嘟叫声及轻柔的 pit pit 声。

177 方尾鹟 (wēng)
Grey-headed Canary-Flycat

    方尾鹟的尾巴末端看上去真的是方的。这是一种丝毫不介意你围观的鸟儿，它总是能够用不停扑腾的黄绿色翅膀，以及节奏感十足的鸣叫来吸引你的注意。方尾鹟是鸟浪中的活跃分子，经常扮演"排头兵"的角色。在山林里一旦看到它，记得静静地等一小会儿，其他种类的小鸟们通常很快就会跟过来。

    方尾鹟体长 13 厘米。喧闹活跃，在树枝间跳跃，不停捕食及追逐过往昆虫。常将尾扇开。多栖于森林的底层或中层。

    方尾鹟主要以昆虫等动物性食物为食。

178 日本歌鸲 (qú)
Japanese Robin

当观鸟爱好者戏称"日本歌鸲"为"小日本"的时候，可没有任何的憎恶之意。鸟类没有国界，它们的世界是整个天地。日本歌鸲大多沿着外海的海岛岛链迁徙，沿海的种群数量很少，在闽南难得一见，所以每当这种橘红色的漂亮小家伙出现在山林里的时候，总是能在观鸟爱好者们当中引起"轰动"。

日本歌鸲体长 15 厘米。栖息于灌木丛，常留于近水的覆盖茂密处。走似跳，不时地停下抬头及闪尾，站势直，飞行快速，径直躲入覆盖下。栖止鸣叫时，头部仰起，尾则上下摆动，姿态活跃，鸣声嘹亮，历久不息，非常动听。

日本歌鸲以昆虫为食。

叫声：鸣声独特，单个高音接以甜润的颤音 peen-kararar。

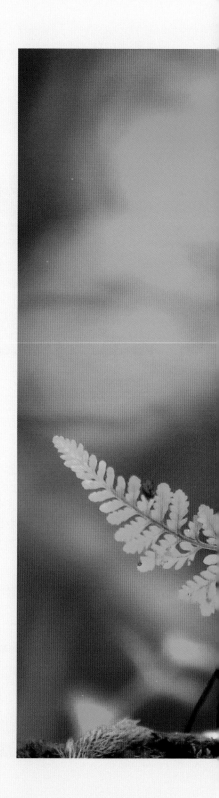

179 | 蓝喉歌鸲 (qú) ［蓝点颏 (ké)］
Bluethroat

这是一只喉咙还不够蓝的蓝喉歌鸲，你若是等到第二年春天还能看见它，它一定会让你惊叹"鸟别三日当刮目相看"。因为到那时候，它的胸口就像是镶嵌了一块蓝宝石一样的美艳。蓝喉歌鸲的歌声仿佛是山泉水在叮咚作响，非常动人，绝对担当得起"歌鸲"的称号。然而这优美的歌声却为它招来了灾祸，很多野生的蓝喉歌鸲被非法捕猎然后贩卖给那些笼养鸟的爱好者们。失去了自由的蓝喉歌鸲，不仅歌声远没有在大自然中那么甜美，连羽色也会一天天的黯淡下去。正确的爱鸟方式是保护好鸟类的家园，然后去大自然中欣赏它们，而不是让它们变成囚徒。

　　蓝喉歌鸲体长 14 厘米。栖息于灌丛或芦苇丛中。惧生，常停留于近水的覆盖茂密处。多取食于地面。走似跳，不时地停下抬头及闪尾；站势直。飞行快速，径直躲入覆盖下。

　　蓝喉歌鸲主要以昆虫、蠕虫等为食，也吃植物种子等。

叫声：鸣声饱满似铃声，节拍加快，包括部分模仿其他鸟的鸣声；有时在夜间鸣叫；告警时叫声为 heet；联络叫声为粗哑的 truk 声。

叫声：响亮的下降调双哨音
ee-uk；告警时发轻柔深沉
的 tschuck 声；鸣声为尖厉
刺耳的长颤声；善模仿蟋蟀、
纺织娘、油葫芦、金钟儿等
虫的鸣声。

180 红喉歌鸲 (qú)
Siberian Rubythroat

　　红喉歌鸲在冬季很少开唱，不过如果阳光明媚心情大好的时候，它也不介意来上一曲。每当红喉歌鸲张嘴高歌时，随着它鲜红色喉羽的颤抖，宛转悠扬歌声宛如一连串的风铃声响彻耳边，令听的人如醉如痴。观鸟、拍鸟都很有乐趣，听鸟也是一种很棒的体验。可惜与蓝喉歌鸲的不幸命运一样，就是因为天生拥有这么一副好嗓子，红喉歌鸲也成了笼养鸟爱好者觊觎的对象。这真是一种悲哀！

　　红喉歌鸲体长 16 厘米。栖息于低山丘陵和山脚平原地带的次生阔叶林和混交林中，也栖于平原地带繁茂的草丛或芦苇丛间，喜靠近溪流等近水地方。一般不在大树上活动，而在地面快速奔驰。疾驰时，经常稍稍停顿并将尾羽展开如扇。

　　红喉歌鸲主要以昆虫为食，也吃少量植物性食物。

181 | 红尾歌鸲 (qú)
Rufous-tailed Robin

　　红尾歌鸲的尾巴真的不能算红，最多只能算沾一点棕红色、铁锈红色而已。而且，闽南地区见到的红尾歌鸲基本是过境鸟，由于不在繁殖期内，羽色更加平淡。不过作为歌鸲中为数不多的胸口有鳞片状花纹的它，还是很容易就被我们记住的。红尾歌鸲很喜欢在小竹林和灌丛里出没，是玩"捉迷藏"游戏的高手。

　　红尾歌鸲体长 13 厘米。占域性甚强，栖息于森林中茂密多荫的地面或低矮植被覆盖处，尾颤动有力。

　　红尾歌鸲主要以卷叶蛾等多种昆虫为食。

叫声：短促而甜美的鸣声。

182 红胁蓝尾鸲 (qú)
Orange-flanked Bush-Robin

红胁蓝尾鸲的雄鸟颇为引人注目，艳丽的色彩、对人类不太畏惧的性格，让原本只是冬候鸟的它，在闽南地区成为曝光率最高的鸟种之一。甚至在很多从来没有正式观鸟体验的人的印象里，都曾见过这么一只漂亮的蓝色小鸟。其实，美丽始终就在我们身边，只是我们缺少关注和发现的眼睛而已。

红胁蓝尾鸲体长 15 厘米。栖息于湿润山地森

林及次生林的林下低处。多在林下地上奔跑或在灌木低枝间跳跃。停歇时常上下摆尾。

红胁蓝尾鸲主要以昆虫为食，也吃少量植物果实与种子等植物性食物。

叫声：单音或双轻音的 chuck；声轻且弱的 churrr-chee 或 dirrh-tu-du-dirrrh。

183 鹊鸲 (qú)
Oriental Magpie-Robin

　　鹊鸲是闽南，甚至是中国南方最常见的鸟之一，胆子也不小，不但在乡村地区常见，就连在市区也是在几乎所有的绿地都能见到。鹊鸲还是声音的模仿高手，不仅自己会发出嘶哑和悦耳等截然不同的声音，还会学身边很多鸟儿的鸣叫。鹊鸲的雄鸟看上去黑白分明，雌鸟则略有不同，是灰和白的结合。

　　鹊鸲体长 20 厘米。栖息于低山、丘陵和山脚平原地带的次生林、竹林、林缘疏林灌丛和小

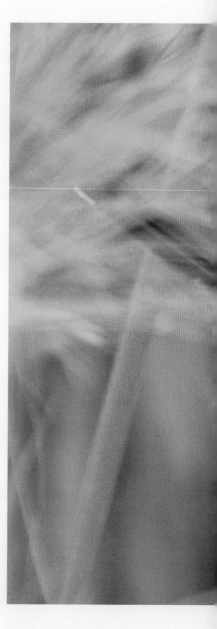

块丛林等开阔地方，常光顾花园、村庄、次生林、开阔森林及红树林。飞行时易见，栖于显著处鸣唱或炫耀。取食多在地面，不停地把尾低放展开又骤然合拢伸直。性活泼、大胆，不畏人，好斗，特别是繁殖期，常为争偶而格斗。

　　鹊鸲主要以昆虫为食。

叫声：哀婉的 swee swee 声及粗哑的 chrrr 声。

184 北红尾鸲 (qú)
Daurian Redstart

在闽南，北红尾鸲总是头顶着银白色的光辉，随着秋风急急而至。当它从你身边飞过的时候，就像是一个长了翅膀的小橘子，是人见人爱的小家伙。北红尾鸲的到来也意味着闽南终于结束了夏季的"鸟荒"，观鸟和拍鸟爱好者们于是纷纷拿出望远镜和相机，又开始了在野外新一轮追寻冬候鸟倩影的行动了。北红尾鸲对现代城市的人居环境颇为适应，即便是人口稠密的小区和校园，只要有足够的绿化带和树林，北红尾鸲就能过得相当自在。

北红尾鸲体长 15 厘米。栖息于山地、森林、河谷、林缘和居民点附近的灌丛与低矮树丛中。常

立于突出的栖处，尾颤动不停。行动敏捷，频繁地在地上和灌丛间跳来跳去啄食虫子，有时还长时间地站在小树枝头或电线上观望，发现地面或空中有昆虫活动时，才立刻疾速飞去捕之，然后又返回原处。

　　北红尾鸲主要以昆虫为食。

叫声：一连串轻柔哨音接轻柔的 tac-tac 声，也作短而尖的哨音 peep 或 hit、wheet；鸣声为一连串欢快的哨音。

185 红尾水鸲 (qú)
Plumbeous Water-Redstart

　　红尾水鸲是闽南山区清澈的溪流中最常见的鸟儿。雄鸟铅蓝色的身躯配上小红裙子一般的尾巴，非常惹人爱。雌鸟虽然没有艳丽的色彩，但是身上细密的纹路也是让人越看越着迷。红尾水鸲以水面和溪石周边活跃的虫蚋为食。由于红尾水鸲经常一边飞一边发出颤抖的、带有金属质感的哨音，想忽略它们的存在都很难。

　　红尾水鸲体长 14 厘米。栖息于山泉溪涧中，或山区溪流、河谷、平原河川岸边的岩石间，溪流附近的建筑物四周或池塘堤岸间。单独或成对。

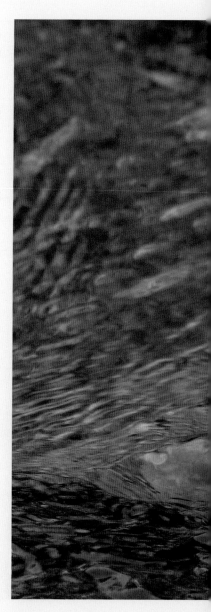

尾常摆动。在岩石间快速移动。炫耀时停在空中振翼，尾扇开，作螺旋形飞回栖处。

　　红尾水鸲主要以昆虫为食，也吃少量植物果实和种子。

叫声：尖哨音 ziet, ziet；占域时发出威胁性的 kree 声。鸣声为快捷短促的金属般碰撞声 streee-treee-tree-treeeh，栖于岩上或于飞行时发出。

186 | 灰背燕尾
Slaty-backed Forktail

　　所有的燕尾都喜欢生活在清澈的溪流里，灰背燕尾也不例外。不过一般的小溪流是满足不了它们的，比较宽阔的山区溪流才是它们的最爱。拍这张灰背燕尾的时候正下着小雨，摄影师和它都在享受那美妙且宁静的山林时光。

　　灰背燕尾体长 23 厘米。栖息于山涧溪流与河谷沿岸，常见于多岩石的小溪流。常立于林间多砾石的溪流旁。

　　灰背燕尾主要以水生昆虫为食。

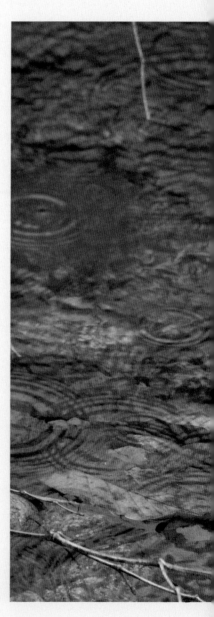

叫声：高而尖的金属声 teenk。

187 | 白冠燕尾
White-crowned Forktail

白冠燕尾除了羽毛的色彩搭配之外，体型、习性、个头、生活区域都和灰背燕尾类似，经常在一条溪流中可以同时发现它们两者的踪影。不过通常它们俩都是各自守着各自的溪段，很少重叠。也许是食物不算多，划地盘就显得很重要了吧。

白冠燕尾体长 25 厘米。栖息于山涧溪流与河谷沿岸，性活跃好动，喜多岩石的湍急溪流及河流。常单独或成对活动。性胆怯，平时多停息在水边或水中石头上，或在浅水中觅食。飞行近地面而呈波状，且飞且叫。

白冠燕尾主要以水生昆虫为食。

叫声：响而薄尖的双哨音 tsee-eet，特别刺耳。

叫声：责骂声 tsack-tsack，似两块石头的敲击声。

188 | 黑喉石䳭 (jí)
Common Stonechat

　　每到冬季，闽南的郊野经常就能看到一只黑黄相间的小鸟站立在干枯挺立的茎秆之上，而且不停地来回飞舞着，捕食着空中的虫蚋，这就是闽南标志性的冬候鸟之一的黑喉石䳭。黑喉石䳭雄鸟的整个头部都是黑黑的，雌鸟就不同，只有头顶和眼睛周围颜色是比较深的，非常愿意"露脸"。（笔者注：根据最近的鸟类分类学研究成果，在闽南地区看到的黑喉石䳭通常应为"东亚石䳭"）

　　黑喉石䳭体长 14 厘米。栖息于低山、丘陵、平原、草地、沼泽、田间灌丛、旷野以及湖泊与河流沿岸附近灌丛草地。常单独或成对活动。平时喜欢站在突出的低树枝以跃下地面捕食猎物。

　　黑喉石䳭主要以昆虫为食，以及少量植物果实和种子。

189 | 灰林鹍 (jí)
Grey Bushchat

和旷野上数量众多的黑喉石鹍相比，灰林鹍在闽南并不多见，可能是灰林鹍比黑喉石鹍更喜欢靠近山区的乡野环境的缘故，所以我们遇见它的机会要少很多。灰林鹍也是闽南地区的冬候鸟，雄鸟独特的黑眼罩很别致，就像一个小小的侠盗佐罗。

灰林鹍体长15厘米。栖息于林缘疏林、草坡、

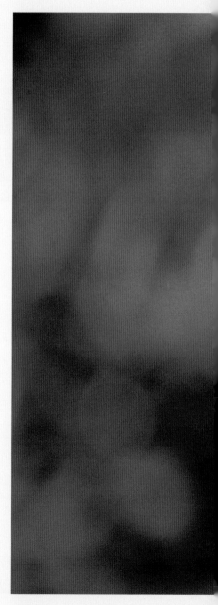

灌丛以及沟谷、农田和路边灌丛草地，喜开阔灌丛及耕地。常单独或成对活动。平时喜欢站在突出的低树枝以跃下地面捕食猎物。

灰林䳍主要以昆虫为食，以及少量植物果实和种子。

叫声：上扬的 prrei 声，告警时为轻声的 churr 接哀怨的管笛音 hew；鸣声为短促细弱的颤音，以洪亮哨音收尾。

叫声：活泼的金属般丁当声 chi-up、chi-up、chi-up，不似褐胸鹟粗哑；鸣声复杂，为重复的一连串单薄音加悦耳的颤音及哨音。

190 乌鹟 (wēng)
Sooty Flycatcher

鹟在闽南大多是冬候鸟，而且几乎所有的鹟都长得讨人喜欢，因为它们毫无例外都有一双和脑袋相比大到不成比例的、圆溜溜的大眼睛，实在是萌态可掬。所以，即便是乌鹟这样浑身上下找不到一点儿艳丽色彩的鹟也不用担心无人关注，因为一双眼睛那么美，足够拯救整个颜值了啊。（照片中是一只未成年的乌鹟）

乌鹟体长 13 厘米。栖息于山区或山麓森林的林下植被层及林间。紧立于裸露低枝，冲出捕捉过往昆虫。

乌鹟主要以昆虫为食。

191 | 北灰鹟 (wēng)
Asian Brown Flycatcher

北灰鹟看上去比乌鹟要白一点点，另一个明显的区别是北灰鹟的翅膀非常长，收起来之后，翅尖的位置超过尾巴长度一半了。鹟类都喜欢在飞出去捕食后又飞回到先前停留的枝头，所以如果你看到一只北灰鹟飞走了，不要着急，耐心等一下，北灰鹟肯定还会回来，给你继续欣赏它的机会。

北灰鹟体长 13 厘米。繁殖于中国北方包括东北，迁徙经华东、华中及台湾，冬季至南方包括海南岛越冬。从栖处捕食昆虫，回至栖处后尾作独特的颤动。

北灰鹟主要以昆虫为食。

叫声：叫声为尖而干涩的颤音 tit-tit-tit-tit，鸣声为短促的颤音间杂短哨音。

192 棕尾褐鹟 (wēng)
Ferruginous Flycatcher

棕尾褐鹟在闽南不常见，相比其他性格活泼的鹟而言，它算是比较安静的了。也许是觉得自己的眼睛还不够大，棕尾褐鹟特地在眼睛外面还画了一道白眼圈，果然效果很好，大家的注意力全都被这水汪汪的大眼睛给吸引过去了，然后免费给它拍好多好多的写真照片。

棕尾褐鹟体长 13 厘米。性机警，喜林间空地及溪流两侧。繁殖于喜马拉雅山脉、中国南方及北部湾西北部；冬季南迁。

棕尾褐鹟主要以昆虫为食。

叫声：轻柔的低颤音 si-si-si，冬季一般无声；鸣声可能为粗哑的高音 tsit-tittu-tittu。

叫声：鸣声悦耳，为重复的
啭鸣及三音节哨音如 o-shin-
tsuk-tsuk，也模仿其他鸟的
叫声。

193 | 黄眉姬鹟 (jī wēng)
Narcissus Flycatcher

　　黄眉姬鹟的黄是明艳到了极点的黄。尤其是那黄色的眉毛，在漆黑的羽色衬托之下更加醒目，就凭这一点，黄眉姬鹟当之无愧地成为了闽南地区鸟类摄影爱好者心目中最受欢迎的过境鸟之一。

　　黄眉姬鹟体长 13 厘米。具鹟类的典型特性，从树的顶层及树间捕食昆虫。冬季通常无声。

　　黄眉姬鹟主要以昆虫为食。

194 | 鸲姬鹟 (qú jī wēng)
Mugimaki Flycatcher

　　鸲姬鹟胸口的橙黄色就像是一片色彩浓郁的秋叶，雄鸟的背部近乎黑色，雌鸟和亚成鸟的橄榄绿又显得十分可亲、低调，实在是让人着迷的小鸟。鸲姬鹟是闽南地区的过境鸟，所以每年只有很短的时间才能与它相逢，它的美丽让每次相会令人感到时光短暂、意犹未尽。

　　鸲姬鹟体长 13 厘米。栖息于山地森林和平原的小树林、林缘及林间空地，常在林间作短距离的快速飞行。喜林缘地带、林间空地及山区森林。尾常抽动并扇开。

　　鸲姬鹟主要以昆虫为食。

叫声：轻柔的 turrr 声。

195 | 白腹蓝鹟 (wēng)
Blue-and-white Flycatcher

白腹蓝鹟在闽南地区数量不多，能否遇见它是需要看运气的。然而就在福建的武夷山区，秋冬季白腹蓝鹟的数量相当可观，一大群一大群的让人看得心里都是美滋滋的。成年白腹蓝鹟浑身上下只有

蓝白二色，它一定恪守着"越简单就越好看"的审美信条。

　　白腹蓝鹟体长 17 厘米。栖息于海拔 1200 米以上的针阔混交林及林缘灌丛。喜有原始林及次生林的多林地带，在高林层取食。

　　白腹蓝鹟主要以昆虫为食。

叫声：粗哑的 tchk，tchk 声；冬季通常不叫。

196 | 铜蓝鹟 (wēng)
Verditer Flycatcher

　　铜蓝鹟的蓝非常特别，准确地讲是铜绿色，这在中国的鸟类中是比较罕见的一种色彩。拥有如此与众不同的外表，外加上喜欢静静地独立在高枝的习性，铜蓝鹟深受观鸟爱好者们的喜爱。铜蓝鹟在闽南地区通常是过境鸟，错过一次，至少要等半年才能再相遇，所以只要听到它出现的消息，鸟类摄影爱好者们就绝不肯错失良机。

　　铜蓝鹟体长 17 厘米。栖息于常绿阔叶林、针阔叶混交林和针叶林等山地森林和林缘地带，喜开阔森林或林缘空地，由裸露栖处捕食过往昆虫。性大胆，不甚怕人，频繁地飞到空中捕食飞行性昆虫。

　　铜蓝鹟主要以昆虫为食。

叫声：急促而持久的高音鸣声，音调无变或逐渐下降，较纯蓝仙鹟少低哑声；叫声为 tze-ju-jui。

叫声：甚高音的 ssssew 或 siiiii 声，短暂停顿后又重复；告警叫声为尖厉的金属音 tit tit tit……

197 | 棕腹大仙鹟 (wēng)
Fujian Niltava

　　棕腹大仙鹟外表华贵。作为数量稀少的过境鸟，棕腹大仙鹟在闽南地区的记录非常少，厦门市著名的佛寺南普陀的后山，有着良好的生态小环境，为棕腹大仙鹟提供了迁徙路上一个很不错的歇脚点。寺庙里的人对鸟类比较和善，所以棕腹大仙鹟也因此变得相当大胆，但是这也会引来一些流浪猫的虎视眈眈，让它们陷入危险之中。

　　棕腹大仙鹟体长 18 厘米。栖息于山区密林及林下灌丛中。常静静地停息在灌木或幼树枝上，当发现地上有昆虫时，则突然飞到地上捕食，有时也飞到空中捕食飞行性昆虫。

　　棕腹大仙鹟主要以甲虫、蚂蚁、蛾、蚊、蚋、蜂、蟋蟀等昆虫为食，也吃少量植物果实和种子。

叫声：甜美悦耳似鹊鸲；叫声独特，三个上升音接着一个下降音以及最后的上升音"hello mummy"。

198 | 海南蓝仙鹟 (wēng)
Hainan Blue-Flycatcher

　　海南蓝仙鹟在闽南地区除了极少数会留下来繁殖外，大多只是冬候鸟。它偏爱森林环境，喜欢在树木的中高层活动。森林中的蚊蚋、蛾螟都是它的猎物。海南蓝仙鹟身上的羽毛呈现的蓝色，堪比湛蓝的大海，叫人过目难忘。这是因为仙鹟类的鸟身上的羽毛在阳光下都会散发出一种带有金属质感的光辉。

　　海南蓝仙鹟体长 15 厘米。栖息于低山常绿阔叶林、次生林和林缘灌丛。频繁地穿梭于树枝和灌丛间，或在树枝上跳来跳去，不时发出"踢、踢"的警戒声。

　　海南蓝仙鹟主要以甲虫、象甲、鳞翅目幼虫、蚂蚁等昆虫为食。

199 丝光椋 (liáng) 鸟
Silky Starling

　　丝光椋鸟在闽南地区是冬候鸟。它奶黄色的头羽在阳光下熠熠生辉，非常漂亮，名字也由此得来。每次看到它，都让人不禁感慨人类的染发师的水平是多么有限。黄昏时分，丝光椋鸟喜欢集群飞舞，并且动辄聚集成数以千计的超大规模鸟群，在天空中形成一朵形状快速变化的"黑云"，蔚为壮观。

　　丝光椋鸟体长 24 厘米。栖息于开阔平原、农作区和丛林间以及营巢于墙洞或树洞中。丝光椋鸟主要以昆虫为食，尤其喜食地老虎、甲虫、蝗虫等农林业害虫，也吃桑葚、榕果等植物果实与种子。

叫声：鸣声清甜、响亮。

200 黑领椋 (liáng) 鸟
Black-collared Starling

　　黑领椋鸟在闽南地区很常见。它们看上去外貌不扬，眼睛周围裸露的黄色皮肤还显得有些怪异，但是求偶季节的时候，当你听到雌雄黑领椋鸟对唱的歌声，你一定会为之倾倒。黑领椋鸟们就像是天生的二重唱演员，一唱一和，曲调多变，夫唱妇随。黑领椋鸟的胆子很大，并不太怕人，它们喜欢在草地上踱步，偶尔也会跳着走，看上去滑稽有趣。

　　黑领椋鸟体长 28 厘米。栖息于山脚平原、草地、农田、灌丛、荒地、草坡等开阔地带。结小群取食于稻田、牧场及开阔地，有时在水牛群或牲口群中找食。

　　黑领椋鸟以甲虫、鳞翅目幼虫、蝗虫等昆虫为食，也吃蚯蚓、蜘蛛等其他无脊椎动物和植物果实与种子等。

叫声：叫声为沙哑的刺耳音及哨音，但鸣唱时曲调优美动听。

叫声：单调的吱吱叫声 chir-chir-chay-cheet-cheet。

201 灰椋 (liáng) 鸟
White-cheeked Starling

灰椋鸟黑灰色的身躯虽然不起眼，但是橘黄色的嘴和脚却因此显得尤为鲜艳。尽管灰椋鸟的外表没有丝光椋鸟那么靓丽，习性与丝光椋鸟却没有什么太大的不同，但更偏好于在农田里觅食。灰椋鸟是灭蝗能手，所以对农作物起到了很好的保护作用。

灰椋鸟体长 24 厘米。栖息于低山丘陵和开阔平原地带的疏林草甸、河谷阔叶林。常见于有稀疏树木的开阔郊野及农田。休息时多栖于电线上、电柱上和树木枯枝上。常结群活动。飞行迅速，整群飞行。

灰椋鸟主要以昆虫为食，也吃少量植物果实与种子。

叫声：沙哑和尖厉的叫声。

202 灰背椋 (liáng) 鸟
White-shouldered Starling

　　每到夏季的时候，厦门岛滨海的树林中经常会听到有一群鸟儿在不停地吵吵闹闹，其中的主力军就是灰背椋鸟。灰背椋鸟在闽南地区通常是夏候鸟（一小部分会全年都留在闽南），南方夏季早早就成熟的各种浆果是它们最爱吃的。它有着黑白分明的翅膀，配在藕灰色的身体两侧格外醒目。如果距离足够近的话，你会发现灰背椋鸟的眼睛是淡蓝色的，和闽南的碧海蓝天很相称呢。

　　灰背椋鸟体长 19 厘米。栖息于低山、平原及丘陵之开阔地带，尤其喜好附近有树林之旱田环境，营巢于天然树洞、墙洞或裂缝中。多半在地面觅食，也到树上采食浆果。活泼好动，常结群活动。

　　灰背椋鸟食无花果并取食于其他花期和结果期的树木。杂食性。

203 | 八哥
Crested Myna

　　八哥在闽南地区很常见，嘴上的一簇毛让它的外表显得很滑稽。别看八哥表面上浑身都是黑色的，在它的翼下其实藏着两块大白斑，只不过要等它飞起来的时候才能看见。我们都听说过八哥会说话，那是因为八哥非常擅长效仿其他鸟类的鸣叫，所以偶尔会模仿人类的发音，"会说话"也就不足为奇了。

　　八哥体长 26 厘米。栖息于低山丘陵和山脚平原地带的次生阔叶林、竹林和林缘疏林中。也栖息于农田、牧场、果园和村寨附近的大树上。性喜结群，常立水牛背上，或集结于大树上，或成行站在屋脊上，每至暮时常呈大群翔舞空中，噪鸣片刻后栖息。夜宿于竹林、大树或芦苇丛。

　　八哥主要以昆虫为食，也吃植物果实和种子等植物性食物。往往追随农民和耕牛后边啄食犁翻出土面的蚯蚓、昆虫、蠕虫等，又喜啄食牛背上的虻、蝇和壁虱，也捕食蝗虫、金龟、蝼蛄等。

叫声：自身为沙哑或尖利的叫声，且并不固定；八哥擅长学习周边环境中其他鸟类的鸣叫，甚至可发出类似雄性画眉鸟悦耳婉转的叫声。

204 中华攀雀
Chinese Penduline Tit

中华攀雀是闽南地区的冬候鸟，但数量并不多，因为适合它们生活的芦苇丛随着闽城市规模的不断扩张和天然湿地的减少变得日渐稀少。中华攀雀有着锥子一样的喙，可以啄开芦苇杆，吃到生活在里面的虫子。中华攀雀的两个爪子非常有力，这让它们可以在随风飘摇的芦苇丛中稳定身躯，同时做出各种让人惊叹的高难度动作，宛若在做"体操表演"。

中华攀雀体长 11 厘米。栖息于近水的苇丛和柳、桦、杨等阔叶树间。冬季成群，特喜芦苇地栖息环境。

中华攀雀主要以昆虫为食，也吃植物的叶、花、芽、花粉和汁液。

叫声：高调、柔细而动人的哨音 tsee，较圆润的 piu 及一连串快速的 siu 声；鸣声似雀鸟，"tea-cher"的主调接 si-si-tiu 副歌。

叫声：高调的鼻音 si-si-si-si；鸣声为重复的单音或双音似煤山雀，但较有力。

205 **黄腹山雀**
Yellow-bellied Tit

　　黄腹山雀在闽北非常常见，在闽南的山区却难得一见，几百公里就有如此大的差异，只能说这是老天的安排。黄腹山雀看上去花斑点点，很容易给人留下有些"衣冠不整"的感觉。不过鸟不可貌相，黄腹山雀是著名的森林卫士，它会叼起虫子在树干上摔打，直到把虫子的内脏甩出来后才大快朵颐。

　　黄腹山雀体长 10 厘米。栖息于海拔 2000 米以下的山地各种林木中。结群栖于林区。有间发性的急剧繁殖。大多数时候在树枝间跳跃穿梭，或在树冠间飞来飞去。

　　黄腹山雀主要以直翅目、半翅目、鳞翅目、鞘翅目等昆虫为食，也吃植物果实和种子。

206 | 大山雀
Great Tit

大山雀是闽南山区最常见的鸟类之一。带着一条黑领带的它患有"多动症"，不过它这么勤快地到处飞，并不是因为发现了我们这些观鸟和拍鸟爱好者们的存在，山林里众多的毛毛虫才是它的关注重点。作为森林卫士，大山雀和其他山雀一样，是灭虫高手，保护它们，就是保护森林的健康。[笔者注：根据新近的鸟类分类学研究成果，在闽南地区见到的大山雀中应为"远东山雀"（Japanese Tit）]

大山雀体长 14 厘米。栖息于低山和山麓地带的次生阔叶林、阔叶林和针阔叶混交林中。常光顾红树林、林园及开阔林。性活跃，多技能，时在树顶时在地面。成对或成小群。极喜鸣叫。

大山雀主要以金花虫、金龟子、毒蛾幼虫、蚂蚁、蜂、松毛虫、蠡斯等昆虫为食。

叫声：联络叫声为欢快的 pink tche-che-che 变奏；鸣声为吵嚷的哨音 chee-weet 或 chee-chee-choo。

207 | 黄颊山雀
Yellow-cheeked Tit

黄颊山雀在闽北山区比较常见，在闽南则相对较少。头顶高冠，面黄如金，带着黑围巾的它不仅外表花哨，叫声也是婉转动人，非常好听。每次在山林与它相遇都是一个令人十分愉悦的经历。黄颊山雀虽然外表比其他山雀要靓丽很多，不过它并不会因此"自傲"，而是经常和其他山雀混迹在一起觅食，为保护森林的健康尽职尽责。

黄颊山雀体长 13 厘米。栖息于低山常绿阔叶林、针阔叶混交林、针叶林、人工林和林缘灌丛等各类树林中。

性活泼，整天不停地在大树顶端枝叶间跳跃穿梭，或在树丛间飞来飞去，到林下灌丛和低枝上活动和觅食。

　　黄颊山雀主要以鳞翅目、鞘翅目昆虫为食，也吃植物果实和种子等植物性食物。

叫声：沙哑的颤鸣，尖叫声 si-si-si、tee cher、tsee tsee-chi chi chi，咬舌音 witch-a-witch-a-witch-a；鸣声为重复的清脆三音节主调 chee-chee-piu。

208 红头［长尾］山雀
Black-throated Tit

　　红头山雀长着一张堪称京剧大花脸的面孔，它的个头很小，算上尾巴也不过10厘米左右。红头山雀组成的鸟群是闽南山区最常见的鸟浪之一，通常以几十只为一群，在林间觅食飞舞，呵护着森林的健康。对了，它们的胆子比个头大多了，经常可以和观察者之间的距离近在咫尺。

　　红头山雀体长10厘米。主要栖息于山地森林和灌木林间，也见于果园、茶园等人类居住地附近的小林内。性活泼，结大群。常从一棵树突然飞至另一树，不停地在枝叶间跳跃或来回飞翔觅食。

　　红头山雀主要以昆虫为食。

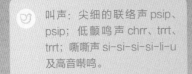

叫声：尖细的联络声 psip、psip；低颤鸣声 chrr、trrt、trrt；嘶嘶声 si-si-si-si-li-u 及高音啭鸣。

209 | 家燕
Barn Swallow

　　"小燕子，穿花衣，年年春天来这里……"童谣里的小燕子就是家燕。不过这是北方的童谣，在闽南，家燕是冬候鸟，春天是要飞去北方的。家燕的羽毛在阳光下会呈现蓝紫色的光辉，当人类在欣赏"紫燕绕窗台"的雅趣时，其实那是对育雏期的家燕父母们忙碌身影的写照——育雏期的家燕父母每天都要喂小家伙们几十次。这份辛苦，也只有等到雏鸟长大后自己当了父母才能体会吧。

　　家燕体长 20 厘米。喜欢栖息在人类居住的环境，如村落附近，常成对或成群地栖息于村屯中的房顶、电线

上以及附近的河滩和田野里。善飞行，多数时间成群地在村庄及其附近的田野上空不停地飞翔，飞行迅速如箭，忽上忽下，时东时西，能够急速变换方向。

　　家燕主要以昆虫为食。食物种类常见有蚊、蝇、蛾、蚁、蜂、叶蝉、象甲、金龟甲、叩头甲、蜻蜓等。

叫声：高音 twit 及喊喊喳喳声。

叫声：飞行时发出尖叫。

210 金腰燕
Red-rumped Swallow

　　金腰燕胸口有雨点般的纵纹，宽大的金腰带在阳光下急速飞舞的时候十分抢眼。在长江中下游地区，春季金腰燕的归来，会被农民视为要开始春播的信号。大自然就是这样，用它的节奏告诉人类该如何修生养息。由于金腰燕经常会选择在乡间庙宇的大梁上做巢，难免就会有鸟粪落在大梁正下方的菩萨塑像身上，"胆敢在菩萨头上拉屎"的金腰燕因此被众多乡民认为是比神灵还要厉害的吉祥之鸟。

　　金腰燕体长18厘米。似家燕。栖息于山脚坡地及平原的居民点，喜栖在无叶的枝条、枯枝或电线上。飞行时振翼较缓慢，善飞行，飞行迅速敏。

　　金腰燕主要以昆虫为食。

211 领雀嘴鹎 (bēi)
Collared Finchbill

　　象牙色的喙和乌灰色的头羽相映成趣，一身绿衣如雨后新叶一般的鲜翠欲滴，在闽南山区，领雀嘴鹎一直都是摄影师们的好模特。领雀嘴鹎不仅"颜值"高，也是个好歌手，山区村民们的房前屋后都是它的秀场，只要它一开口，连溪水似乎都会变安静了，专心地来聆听它的歌声。

　　领雀嘴鹎体长 23 厘米。栖息于低山丘陵和山脚平原地区，尤其是溪边沟谷灌丛、稀树草坡、林缘疏林，常见于亚热带常绿阔叶林、次生林、栎林等地区。结小群停栖于电线或竹子上。飞行中捕捉昆虫。

　　领雀嘴鹎食性较杂。主要食植物性食物，尤喜野果。也吃金龟子、步行虫等鞘翅目昆虫。

叫声：悦耳笛声；急促响亮的哨音 ji de shi shei, ji de shi shei, shi shei。

叫声：响亮不断的叽叽喳喳叫声，两或三音节短而甜的哨音鸣声 wit-t-waet；也作悦耳的 prroop 声。

212 | 红耳鹎 (bēi)
Red-whiskered Bulbul

　　红耳鹎是南方最常见的鹎类之一，也是外形最酷的鸟儿之一——黑色的冲天辫儿像犀牛角，又好像是用水墨画出的一座山峰。红耳鹎的歌声犹如清泉流动般动听，三五成群，凑在一起就是一个美妙的森林小合唱。鸟的耳朵位于眼睛后面的位置，红耳鹎之所以叫这个名字，就是因为它这个地方的羽毛总是红彤彤的。其实红耳鹎身上还有一处羽毛也是鲜红无比，知道在哪里么？对，就是它的屁股。

　　红耳鹎体长 20 厘米。栖息于低山和山脚丘陵地带的雨林、季雨林、常绿阔叶林等森林中，性活泼，多数时候在乔木树冠层或灌丛中活动和觅食。喜群栖。常站在小树最高点鸣唱或叽叽叫。通常一边跳跃活动觅食，一边鸣叫。

　　红耳鹎以植物种子、昆虫等为食。

213 白头鹎 (bēi)
Light-vented Bulbul

　　白头鹎可以说是闽南市区最常见的鸟儿。一身的橄榄绿色，配上白白的枕羽，谈不上出众却也落落大方。作为中国特有的鸟类，白头鹎在中国分布很广泛，也深受大众的喜爱。上海市的结婚证书上就曾印有白头鹎的图案，寓意着夫妻俩"白头偕老"。

　　白头鹎体长 19 厘米。栖息于低山丘陵和平原地区的灌丛、草地、有零星树木的疏林荒坡、果园、村落、农田地边灌丛、次生林和竹林等地带。性活泼，结群于果树上活动，在树枝间跳跃，或飞翔于相邻树木间，一般不做长距离飞行。

　　白头鹎主要以昆虫为食，也吃蜘蛛、壁虱等，以及植物果实和种子。

叫声：典型的叽叽喳喳颤鸣及简单而无韵律的叫声。

214 白喉红臀鹎 (bēi)
Sooty-headed Bulbul

在闽南，白喉红臀鹎在乡村和山区比在市区要常见得多，因为市区基本是白头鹎和红耳鹎的天下。白喉红臀鹎的黑色"小平头"有时候也会竖起来，一副怒发冲冠的模样。鹎类是闽南最常见的鸣禽，通常叫声婉转多变，白喉红臀鹎的叫声也不例外。

白喉红臀鹎体长 20 厘米。主要生活于森林、竹林以及开阔的乡间。群栖，吵嚷，性活泼。栖息地较固定，一般不做长距离飞行。多在相邻树木或树头间来回飞翔。

白喉红臀鹎属杂食性，但以植物性食物为主。

叫声：悦耳的笛声及响亮的粗喘声 chook、chook。

叫声：声为单调的三音节嘶
叫声或上扬的三音节叫声；
也作多种咪叫声。

215 | 绿翅短脚鹎 (bēi)
Mountain Bulbul

　　绿翅短脚鹎是环境指示物种，这意味着凡是能够看到它的地方，环境就比较好，生物多样性也比较丰富。每次在山林里，在它婉转动人的歌声指引下，你总能静候到很多其他的鸟儿也翩翩而来。毕竟，好的环境不仅人类喜欢，鸟类也一样。绿翅短脚鹎的冠羽就好像抹了定型发胶一样，从来都是纹丝不乱。看得出，作为"环境代言鸟"，它真的很在意自己的形象呢！

　　绿翅短脚鹎体长 24 厘米。栖息在山地阔叶林、针阔叶混交林、次生林、林缘疏林、竹林、稀树灌丛和灌丛草地等各类生境中。多在乔木树冠层或林下灌木上跳跃、飞翔。

　　绿翅短脚鹎主要以野生植物果实与种子为食，也吃部分昆虫，食性较杂。

216 栗背短脚鹎 (bēi)
Chestnut Bulbul

　　栗背短脚鹎通常只生活在山区，而且性格活泼，叫声不断，堪称森林歌手中的"麦霸"。栗背短脚鹎最有特色的就是它的冠羽，比绿翅短脚鹎还要酷，仿佛每一根都抹了发胶，根根挺立，时髦极了。在闽南山区，经常能看到一大群栗背短脚鹎里混着几只绿翅短脚鹎，它们的关系想必是极好的。

　　栗背短脚鹎体长 21 厘米。栖息于低山丘陵地区的次生阔叶林、林缘灌丛和稀树草坡灌丛及地边丛林等生境中。藏身于甚茂密的植丛。常成对或成小群活动在乔木树冠层。

　　栗背短脚鹎主要以植物性食物为食，也吃昆虫等动物性食物，属杂食性。

> 叫声：响亮的责骂声及偏高的银铃般叫声"tickety boo"。

217 黑［短脚］鹎 (bēi)
Madagascar Bulbul

黑鹎羽色很奇特，在闽南山区长年都能够看到两种不同的色型，一种头部是雪白的，另一种则全身都是墨黑的。黑鹎的叫声也与众不同，是一种类似猫咪的"咪咪"叫。当然，作为鹎类，它也有很多其他的叫声，但是这种"咪咪"叫，在鹎类中却独树一帜。

黑鹎体长 20 厘米。栖息于山林中高大乔木上，随季节变化发生垂直迁移和水平迁移。通常活跃在树冠层。

黑鹎杂食性，主要以果实和昆虫等为食。

叫声：常有带鼻音的咪叫声。

218 棕扇尾莺
Zitting Cisticola

　　棕扇尾莺喜欢在茂盛的草地、胡萝卜田地、稻田等地觅食，是农民的好帮手。因为棕扇尾莺喜欢将尾巴不时地张开，看上去就像是一把打开的折扇，因此得名。棕扇尾莺个头不大，所以经常在菜地或者较深的草丛中一落下去就看不到了，不过不要着急，它是不甘寂寞的性格，只要你耐心多一点，不多会儿它自己就又会跳出来。

　　棕扇尾莺体长 10 厘米。栖于开阔草地、稻田及甘蔗地，喜湿润地区。繁殖期间雄鸟常在领域内做特有的飞行表演，起飞时冲天直上，在高空翱翔或做圈状飞行，然后两翅收拢，急速直下，当接近地面时又转为水平飞行。

　　棕扇尾莺主要以昆虫为食，也吃蜘蛛、蚂蚁等无脊椎动物和杂草种子等植物性食物。

叫声：作波状炫耀飞行时发出一连串清脆的 zit 声。

叫声：响而刺耳的 cho-ee、cho-ee、cho-ee，声似长尾缝叶莺但节拍较慢。

219 | 黑喉山鹪 (jiāo) 莺
Hill Prinia

　　细小的白眉毛，瞪着不算大的眼睛，黑喉山鹪莺看起来总是一副凶巴巴的表情。它个头不算大，尾巴倒是很长，飞起来就好像挂在后面一样，上下翘动。当你在闽南山区沿着山路走累了停下来歇一会儿的时候，黑喉山鹪莺经常会在此时神奇地出现在你附近歌唱，那种感觉，真是一种享受。

　　黑喉山鹪莺体长 16 厘米。栖息于低山及山区森林的草丛和低矮植被下。

　　黑喉山鹪莺主要以甲虫、蚂蚁等昆虫为食。

220 | 黄腹山鹪 (jiāo) 莺
Yellow-bellied Prinia

　　黄腹山鹪莺是闽南地区最常见的鹪莺之一，飞起来的时候翅膀会扑打出啪啪啪的声响，叫起来和黑短脚鹎类似，听起来都像是小猫咪在叫，很是奇特。黄腹山鹪莺喜欢生活在水边的草丛里，经常会跳出来对着整个世界不停地呼唤，不过我也不明白它们为什么要这样做，也许纯粹是因为心情好吧。

　　黄腹山鹪莺体长 13 厘米。栖于芦苇沼泽、高草地及灌丛。甚惧生，藏匿于高草或芦苇中，仅在鸣叫时栖于高杆。扑翼时发出清脆声响。

　　黄腹山鹪莺以甲虫、蚂蚁等昆虫为食，也吃少量蜘蛛和其他小型无脊椎动物及杂草种子等植物性食物。

叫声：弱而哑的 schink-schink-schink 声及似小猫轻柔咪叫声 twee twee；鸣声为急促的连声 tidli-idli-lia，重音在最后的下降音符上，有过门声 chirp。

叫声：鸣声为单调而连续似昆虫的吟叫声，长达 1 分钟，每秒 3～4 声；叫声为快速重复的 chip 或 chi-up 声。

221 褐头山鹪 (jiāo) 莺
Plain Prinia

　　褐头山鹪莺在闽南地区出现的频率不会比黄腹山鹪莺低，两种鸟经常生活在同一片区域，习性也相仿，不过褐头山鹪莺不像黄腹山鹪莺有个灰色的脑袋，褐头山鹪莺浑身上下几乎是同一种颜色，也不会喵喵叫。

　　褐头山鹪莺体长 15 厘米。栖息于低山丘陵、山脚和平原地带的农田耕地、果园和村庄附近的草地和灌丛中。多在灌木下部和草丛中跳跃觅食，性活泼，行动敏捷。

222 | 暗绿绣眼鸟
Japanese White-eye

　　因为贪吃，这只暗绿绣眼鸟的额头和下颌沾满了凌霄花橘红色的花粉，让我差点兴奋过度，以为是遇到了罕见的火冠雀。不过特有的白色眼圈和叫声暴露了它的真实身份。其实仔细想想，它何曾企图冒充火冠雀？分明是我自己贪心——期待遇到稀罕的鸟儿，才会有此误会。这闽南地区常见的暗绿绣眼鸟，给我上了一堂深刻的人生教育课！

　　暗绿绣眼鸟体长 10 厘米。主要栖息于阔叶林和以阔叶树为主的针阔叶混交林、竹林等各种类型森林中，也

栖息于果园、林缘以及村寨和地边高大的树上。性活泼而喧闹，多成群在枝叶与花丛间穿梭跳跃，有时围绕着枝叶团团转或通过两翅的急速振动而悬浮于花上。

暗绿绣眼鸟主要以小型昆虫、小浆果及花蜜为食。

叫声：不断发出轻柔的 tzee 声及平静的颤音。

叫声：鸣声为持续的上升音 weee 接爆破声 chiwiyou；也作连续的 tack tack 叫。

223 | 强脚树莺
Brownish-flanked Bush-War

　　很少有人见过强脚树莺的真容，但是绝大多数观鸟爱好者都曾听过它的叫声。强脚树莺和很多鸟儿不一样，它会躲在树丛里一动也不动，却不停地大叫，就像是一位只会在卫生间歌唱的超级宅男，并不愿意让人一睹他的风采。只有在繁殖季节，为了喂饱嗷嗷待哺的鸟宝宝，它们才开始不停地忙碌起来。

　　强脚树莺体长 12 厘米。栖息于阔叶林树丛和灌丛间，在草丛或绿篱间也常见到。

　　强脚树莺嗜食昆虫，亦兼食一些植物性食物，如野果和杂草种子等。

224 | 东方大苇莺
Oriental Reed Warbler

　　东方大苇莺喜欢生活在芦苇荡中，而且很爱跳上芦苇大叫不停，也不知道是在宣示领地的所有权还是在呼唤同伴，或者，纯粹就是喜欢放声歌唱？东方大苇莺在闽南是不太常见的冬候鸟，除了气候原因，也和城市发展导致的芦苇沼泽的面积缩小有关。

　　东方大苇莺体长 19 厘米。栖息于芦苇地、稻田、沼泽及低地次生灌丛。

　　东方大苇莺主要以昆虫为食。

叫声：冬季仅间歇性地发出沙哑似喘息的单音 chack。

225 长尾缝叶莺
Common Tailorbird

　　长尾缝叶莺是闽南地区常见的留鸟，在很多住宅小区的灌丛中都能发现它活泼的身影，并且时常听到它响亮的单音节叫声。长尾缝叶莺的看家本领是用细长的嘴衔着蛛丝代替针线，将树叶缝成一个袋子，然后在里面产卵和哺育幼鸟。所以春天的时候记得仔细找一找，没准你就能看到长尾缝叶莺在你家附近搭建的"蜗居"。

　　长尾缝叶莺体长 12 厘米。栖息于稀疏林、次生林及林园。性活泼，不停地运动或发出刺耳尖叫声，尾巴喜欢上扬，飞动时翅膀拍打还会发出吧嗒吧嗒的声音。常隐匿于林下层且多在浓密覆盖之下。

　　长尾缝叶莺主要以昆虫为食。

叫声：极响亮而多重复的刺耳叫声 te-chee-te-chee-te-chee 或单音的 twee 声。

叫声：鸣声洪亮有力，为清晰多变的 choo-choo-chee-chee-chee 等声重复 4～5 次，间杂颤音及嘟声；叫声包括轻柔鼻音 dju-ee 或 swe-eet 及柔声 weesp，不如黄眉柳莺叫声刺耳。

226 | 黄腰柳莺
Yellow-rumped Warbler

　　闽南地区柳树很少，柳莺也不多。不过每年秋冬季，北方的各种柳莺会来南方越冬，闽南地区就也能看到北方春夏常见的"莺莺燕燕"的景象了。黄腰柳莺是闽南冬季最常见的柳莺之一，头顶的顶冠纹和嫩黄色的腰是它的鲜明特征。在四季并不分明的闽南地区，每当看到它的出现，就知道冬天快来了。

　　黄腰柳莺体长 9 厘米。栖息于海拔 2900 米以下的针叶林、针阔叶混交林和稀疏的阔叶林。性活泼、行动敏捷，常在树顶枝叶间跳来跳去寻觅食物。

　　黄腰柳莺主要以昆虫为食。

227 黄眉柳莺
Yellow-browed Warbler

　　黄眉柳莺差不多每年秋季都会和黄腰柳莺同时来到闽南。尽管两种柳莺大小相仿，颜色接近，而且都属于忙忙碌碌几乎不会停歇的性格，但是只要注意到黄眉柳莺没有顶冠纹，而且腰也不黄，就很容易就将它们俩区分开来了。

　　黄眉柳莺体长 11 厘米。栖息于高原、山地和平原地带的森林中，性活泼，常结群且与其他小型食虫鸟类混合。飞行迅速，觅食时，只在树与树间窜飞，离去时则高飞。常在树上以两足为中心，左右摆动身体，不断地变动着身体的角度，以求在更大视野范围内寻得食物。

　　黄眉柳莺食各种树上的蚜虫及小型昆虫，尤其在水边的树上更常见。是中国最常见的、数量最多的小型食虫鸟类之一。

叫声：不停地发出响亮而上扬的 swe-eeet 叫声；鸣声为一连串低弱叫声，音调下降至消失，也发出双音节的 tsioo-eee，第二音音调降而后升。

叫声：示警时作沙哑的 chur 声；叫声为尖声 tuc 或尖声 zit；鸣声甜美多变，包括许多重复音，不如芦苇莺那股尖响。

228 黑眉苇莺
Black-browed Reed Warbler

黑眉苇莺浑身素雅，浓黑的眉纹是其外表最大的特征。芦苇丛是它最喜欢的家园，由于芦苇不像树枝，缺少横向的分叉可供歇脚，所以经常可以看到它们用两只爪子一上一下抓住一根芦苇杆，然后做上下滑动的精彩表演。

黑眉苇莺体长 13 厘米。栖息在低山和山脚平原地带。喜欢在道边、湖边和沼泽地的灌丛中活动。

黑眉苇莺主要以昆虫为食。

229 | 斑胸钩嘴鹛 (méi)
Spot-breasted Scimitar Babbler

　　斑胸钩嘴鹛总是用那弯弯长长的嘴，一刻不停地翻找在落叶底下或者在植物根部躲藏的虫子，看上去有点愣头愣脑的。由于斑胸钩嘴鹛基本只在浓密的林下层活动，可以说是一种相当"害羞"的鸟儿，所以很难窥见真容，拍到它自然也很不容易。通常是先听见它翻落叶的声音后，锁定大致方位，然后耐心地等它走到一个遮挡比较少的地方才能拍到；至于你能否等得到，那就要看运气了。

　　斑胸钩嘴鹛体长 24 厘米。主要栖息于灌丛、棘丛及林缘地带。

　　斑胸钩嘴鹛主要以昆虫为食，也吃植物果实与种子。

叫声：双重唱，雄鸟发出响亮的 queue pee，雌鸟立即回以 quip。

叫声: 2~3声的嗡声，重音在第一音节，最末音较低；雌鸟有时以尖叫回应。

230 ## 棕颈钩嘴鹛 (méi)
Streak-breasted Scimitar Babbler

　　棕颈钩嘴鹛的叫声听起来好像是一个声音清脆的孩子在反复说"奏国歌"。弯弯的嘴让它能够轻松地剥开树皮并捕食藏在里面的虫子。棕颈钩嘴鹛喜欢绕着树干由下而上搜索猎物，然后再飞到邻近的下一棵树，再来一次螺旋上升式的搜捕。在闽南山区的森林里，人们和棕颈钩嘴鹛经常能不期而遇，但它捕食的节奏似乎丝毫不会受我们人类的影响。

　　棕颈钩嘴鹛体长 19 厘米。栖息于低山和山脚平原地带的阔叶林、次生林、竹林和林缘灌丛中，也出入于村寨附近的茶园、果园、路旁丛林和农田地灌木丛间。一遇惊扰，立刻藏匿于丛林深处，或由一个树丛飞向另一树丛，每次飞行距离很短。

　　棕颈钩嘴鹛主要以昆虫为食，也吃植物果实与种子。

叫声：高音尖叫接短促的
吱叫声；告警时作快速的
zeek、zeek 声。

231 小鳞胸鹪鹛 (jiāo méi)
Pygmy Wren-Babbler

　　小鳞胸鹪鹛在进化上属于比较古老的一种鸟类，看上去似乎没有尾巴，就像
一个卤蛋，十分可爱。小鳞胸鹪鹛数量并不少，然而因为它只喜欢待在十分隐秘
的灌丛里，啄食落叶下生活的虫子，所以很难被发现。

　　小鳞胸鹪鹛体长 9 厘米。在森林地面急速奔跑，常会被误以为是一只小老鼠。
除鸣叫外多惧生隐蔽。

　　小鳞胸鹪鹛主要以昆虫为食。

232 红头穗鹛 (suì méi)
Rufous-capped Babbler

　　红头穗鹛是一种很可爱的小鸟，它性格活泼但又不像红头长尾山雀那样大胆，总是喜欢在树丛背后活动，偶尔露出小红头和嫩绿色的身躯。如果不是为了下水洗澡，红头穗鹛像这样完全暴露出来的机会非常少。红头穗鹛经常三五只一起，混在其他鸟儿组成的鸟浪当中，借以提高它们自己的安全感和捕食的成功率。

　　红头穗鹛体长 12.5 厘米。栖于森林、灌丛及竹丛。常单独或成对活动，在林下或林缘灌林丛枝叶间飞来飞去或跳上跳下。

　　红头穗鹛主要以昆虫为食，偶尔也吃少量植物果实与种子。

叫声：为 pi-pi-pi-pi-pi-pi，低声吱叫及轻柔的四声哨音 whi-whi-whi-whi。

233 | 灰眶雀鹛 (méi)
Grey-cheeked Fulvetta

　　灰眶雀鹛可以说是闽南山区里好奇心最重的一种小鸟了，当你在观察它的时候，经常能感觉得它也正在枝头上打量着你。更有趣的是，它甚至会放弃原先的路线，转而飞到你的附近来观察你。灰眶雀鹛喜欢成群结队，而且叽叽喳喳热闹非凡，森林里只要有它们就不会寂寞。（笔者注：根据最近的鸟类分类学研究成果，在闽南地区看到的灰眶雀鹛应为"淡眉雀鹛"）

　　灰眶雀鹛体长 14 厘米。栖息于山地和山脚平原地带的森林和灌丛中。频繁地在树枝间跳跃或飞来飞去，有时也沿粗的树枝或在地上奔跑捕食。

　　灰眶雀鹛主要以昆虫及其幼虫为食。

> 🔊 叫声：为甜美的哨音 ji-ju ji-ju，常接有起伏而拖长的尖叫声。

234 | 矛纹草鹛 (méi)
Chinese Babax

　　矛纹草鹛身上酱红色的纵纹密布，眼睛看上去白多黑少，有点像狼的眼睛，不过它们并不像狼那么凶猛。矛纹草鹛在闽南城区的记录很少，但是在山区，尤其是茶园里却比较常见。有了矛纹草鹛在茶园里啄食昆虫，茶农们就不用给茶叶喷洒农药了，茶叶的品质自然也就得到了有效的提升。保护好生态环境，其实就是在保护我们人类自己。

　　矛纹草鹛体长 26 厘米。栖息于开阔的山区森林及丘陵森林的灌丛、棘丛及林下植被。甚吵嚷，结小群于地面活动和取食。性甚隐蔽，但栖于突出处鸣叫。喜欢在有稀疏树木的开阔地带灌丛和草丛中活动和觅食。一般较少飞翔，常边走边鸣叫。

　　矛纹草鹛主要以昆虫，植物叶、芽、果实和种子为食。

叫声：响亮而偏高的嗷叫声 ou-phee-ou-phee，重 复 多次。

叫声：雄鸟会发出悦耳活泼清晰的哨音，令爱鸟者备加赞美；相比之下，雌鸟的叫声要单调乏味得多。

235 画眉
Hwamei

唐代诗人朱庆馀在诗作《近试上张水部》中写道："洞房昨夜停红烛，待晓堂前拜舅姑。妆罢低声问夫婿，画眉深浅入时无？"新娘子画眉毛如果能画到画眉鸟的这个水平，恐怕就不用这么担心婆家是否欢喜了吧？如果她说话也能像雄性画眉鸣唱那样动听，肯定就更能深得夫家的喜爱了。很多地方的人将画眉鸟从野外抓到笼子里逼它唱歌，难道不知道欧阳修早就写过"百啭千声随意移，山花红紫树高低。始知锁向金笼听，不及林间自在啼"么？画眉鸟目前还无法人工繁殖，每一个在笼子里的画眉鸟背后都是平均七只以上在运输过程中死亡的野生画眉。我们应该拒绝笼养野鸟，若是真喜爱它们，就请去大自然中聆听它们美妙自由的歌声吧！

画眉体长 22 厘米。栖息于山丘的灌丛和村落附近的灌丛或竹林中，机敏而胆怯，常在林下的草丛中觅食，不善作远距离飞翔。成对或结小群活动。

画眉主要以昆虫为食。霜雪天气来临之前，将采集来的果实、种子，收藏于地洞或山石岩边的地下，作为越冬的粮食。

236 灰翅噪鹛 (méi)
Moustached Laughingthrush

　　大多数噪鹛的叫声都很嘈杂，胆子也大，然而灰翅噪鹛有点与众不同，它们很低调，总数量也较少。很多有着多年观鸟经验的观鸟爱好者在闽南都未能见过它们的踪迹，目前仅有两三笔记录。不过在闽北地区的山林里遇见它们的概率要稍微大一些。除了翅膀和尾巴末端标志性的灰色条纹，灰翅噪鹛最让人难忘的恐怕就是它独特的白色的"眼影"了。

　　灰翅噪鹛体长 22 厘米。栖息于常绿阔叶林、落叶阔叶林、针阔叶混交林、竹林和灌木林等环境中。成对或结小群活动。

　　灰翅噪鹛主要以天牛、甲虫、毛虫、蝼蛄、蚂蚁等昆虫为食。

叫声：多种悦耳的低声叫；告警叫声似鸦，鸣声为响亮的 diu-diuuid 声。

237 | 黑脸噪鹛 (méi)
Masked Laughingthrush

　　长江中下游流域及以南的广大地区，包括城市山林都是黑脸噪鹛的地盘。黑脸噪鹛有着堪比包拯的黑面孔，却全然没有包大人的沉稳，总是不停地"丢！丢！丢！"地大声叫个不停，怎一个"噪"字了得！黑脸噪鹛习惯集小群群居，看它们一个接一个从这片树丛飞到那片树丛的场景，就像是跳伞队员一般接二连三跳出舱门，甚为有趣。

　　黑脸噪鹛体长30厘米。栖息于平原和低山丘陵地带地灌丛与竹丛中，也出入于庭院、人工松柏林、农田地边和村寨附近的疏林和灌丛内。取食多在地面。性喧闹。

　　黑脸噪鹛主要以昆虫为食，也吃其他无脊椎动物，植物果实、种子等。

叫声：联络及告警时的叫声响亮刺耳；叽叽喳喳的群鸟叫声。

叫声：似黑领噪鹛且模仿其
叫声，奇异的尖叫声。

238 | 小黑领噪鹛 (méi)
Lesser Necklaced Laughingthrush

　　小黑领噪鹛后颈有一条宽宽的橙棕色领环，胸口则像挂着一个黑色的项圈，一条细长的白色眉纹在黑色贯眼纹的衬托下极为醒目。尽管小黑领噪鹛在闽南的数量可能比黑脸噪鹛少，但是它们一旦聚集在一起，那个热闹劲头一点儿也不输给后者。

　　小黑领噪鹛体长 28 厘米。栖息于低山和山脚平原地带的阔叶林、竹林和灌丛中，尤喜欢以栎树为主的常绿阔叶林和沟谷林。群栖而吵嚷，通常在森林地面的树叶间翻找食物。飞行迟缓、笨拙，一般不做长距离飞行。

　　小黑领噪鹛主要以昆虫为食，也吃植物果实和种子。

叫声：尖柔的群鸟联络叫声
以及哀而下降的"笑声"与
短哨音的响亮合唱。

239 | 黑领噪鹛 (méi)
Greater Necklaced Laughingthrush

　　在闽南，黑领噪鹛通常生活在山区。不过因为特殊的环境，在厦门岛内的植物园里也生活着一小群黑领噪鹛。顾名思义，黑领噪鹛有黑色的"领子"和十分吵闹的生活习性。噪鹛类的鸟大多性格活泼，不太畏惧人类，所以只要你表现得平静友好，就可以有很好的机会靠近它们。

　　黑领噪鹛体长 30 厘米。栖息于低山、丘陵和山脚平原地带的阔叶林中，也出入于林缘疏林和灌丛。多在林下茂密的灌丛或竹丛中活动和觅食，时而在灌丛枝叶间跳跃，时而在地上灌丛间窜来窜去，一般较少飞翔。性机警。

　　黑领噪鹛主要以甲虫、金花虫、蜻蜓、天蛾卵和幼虫以及蝇等昆虫为食，也吃草子和其他植物果实与种子。

240 白颊噪鹛 (méi)
White-browed Laughingthrush

　　白颊噪鹛在成都市的市区公园里简直可以说到处都是，但是在闽南比较少见。受地理、气候、历史等多种因素影响，鸟类在不同的区域分布状态是不同的。白颊噪鹛性格活跃，胆子大，又聪明，所以在人居环境中能够很好地生存。在闽南的山区，白颊噪鹛经常就在村子边集小群活动。虽然也叫噪鹛，但是白颊噪鹛并不像黑脸噪鹛那样整天叫个不停。

　　白颊噪鹛体长 25 厘米。栖息于高山地区，活动于山丘、山脚及田野灌丛和矮树丛间。性活泼、频繁地在树枝或灌木丛间跳上跳下或飞进飞出。一般不做远距离飞行，有时也通过在地上急速奔跑逃走。

　　白颊噪鹛主要以昆虫等动物性食物为食，也吃植物果实和种子。

叫声：偏高的铃声般叫声和叽喳叫声，以及不连贯的咯咯笑声；善鸣叫，在晨昏鸣叫较为频繁。

241 白腹凤鹛 (méi)
White-bellied Yuhina

白腹凤鹛在闽南山区并不少见。嫩叶般颜色的背羽，微耸的冠，还有雪色的肚皮，白腹凤鹛总是显得十分清雅。不过它们太喜欢集群活动，总是一大群叽叽喳喳地来，熙熙攘攘地去，就像一阵风出现又消失，让人措手不及，很难看个真切。

白腹凤鹛体长 13 厘米。栖息于小树冠和灌丛顶端，在中至高层取食，常与莺类及其他种类混群。

白腹凤鹛主要以昆虫为食，也吃植物果实和种子。

叫声：金属般的 chit，带鼻音的 na-na 声，鸣声为下降的高音颤鸣 si-i-i-i-i-i。

叫声：鸣声细柔但甚为单调。

242 | 红嘴相思鸟
Red-billed Leiothrix

　　爱情越美好，相思越煎熬，但是谁又能否认相思本身也是一种刻骨铭心的美呢？当你见过红嘴相思鸟的朱唇虹翅之后，怎么可能还舍得离开？离开了又如何不再想念？还好，在中国秦岭以南的广大地区，都有它的分布。不过，前提是你要投入山林的怀抱才能找打它，就像爱情需要你勇敢去追求一样。

　　红嘴相思鸟体长 15.5 厘米。栖息于山地常绿阔叶林、常绿落叶混交林、竹林和林缘疏林灌丛地带。吵嚷成群活动于林下植被。休息时常紧靠一起相互舔整羽毛。性大胆，不甚怕人，多在树上或林下灌木间穿梭、跳跃、飞来飞去。

　　红嘴相思鸟主要以毛虫、甲虫、蚂蚁等昆虫为食，也吃植物果实、种子等植物性食物，偶尔也吃少量玉米等农作物。

叫声：8～10 声快而响的圆润哨音 whit，音调不变；也有群鸟唧啾声及嘶嘶叫声 chut-chut-chut。

243 ｜ 点胸鸦雀
Spot-breasted Parrotbill

　　点胸鸦雀在闽南比较少见，个头比成人的一个手掌还大，是鸦雀中的大个子。点胸鸦雀胸口的黑点像一阵墨雨，脸上的黑斑格外明显。鸦雀的嘴很有特色，厚厚的角质喙用来剥开种子的外皮是最好不过的。和一些小型的鸦雀不同，点胸鸦雀一般不集群，不过吵闹的本性都差不多，叫起来也是鸹噪得很。

　　点胸鸦雀体长 18 厘米。栖息于灌丛、次生植被及高草丛。

　　点胸鸦雀主要以昆虫为食，也吃植物果实和种子。

244 | 云雀
Eurasian Skylark

　　云雀在闽南主要是过境，极少数会在此越冬。云雀又名"叫天子"，它总是奋力向上越飞越高，好像爬楼梯一样，一点点升到大约一二十层楼的高度，然后振翅悬停，同时不停地鸣唱。那欢快的叫声就像瀑布一样倾泻下来，笼罩着你，让人误以为四面八方都是鸟儿在叫，是一种很特别的观鸟体验。

　　云雀体长 18 厘米。栖息于草地、干旱平原、泥淖、沼泽及沿海一带的平原区等开阔环境。常骤然自地面垂直地冲上天空，俟升至一定高度时，稍稍浮翔于空中，而复疾飞直上。降落亦似上升的飞行状态，两翅常往上展开着，随后突然相折，而直落于地面。

　　云雀以植物种子、昆虫等为食。

叫声：鸣声在高空中振翼飞行时发出，为持续的成串颤音及颤鸣；告警时发出多变的吱吱声。

245 | 小云雀
Oriental Skylark

　　小云雀主要生活在闽南的滨海地区，海岸线附近经常能看到它们的身影。但是随着滨海荒地和盐田等环境的逐渐消失，小云雀的身影也越来越少了。小云雀和云雀一样爱歌唱，但是并没有一飞冲天的习惯，更多的时候我们看见它在前面的海堤或者荒地上飞飞停停走走，不急不慢的，好像是在给我们带路。

　　小云雀体长 15 厘米。栖息于草地、干旱平原、泥淖、沼泽及沿海一带的平原区等长有短草的开阔环境。善奔跑，主要在地上活动，有时也停歇在灌木上。

　　小云雀以植物种子、昆虫等为食。

叫声：叫声为干涩的喊喳声 drzz。

叫声：高音的金属声啾叫 titty-titty-titty；叫声为清脆的 chip。

246 | 红胸啄花鸟
Fire-breasted Flowerpecker

红胸啄花鸟个头尽管比麻雀还小一号，但是它在树梢上跳动的活泼劲儿很少有鸟类能比得上。红胸啄花鸟羽毛上闪烁着蓝绿色的金属质感的光芒会随着阳光一同跳跃，胸口的一抹赤红和一条如墨线画出的纵纹仿佛能幻化成血色黄昏的美丽景象，实在是漂亮！

红胸啄花鸟体长 9 厘米。栖息于开阔的村庄、田野、山丘、山谷等地的次生阔叶林，或溪边树丛间以及原始森林的中下层。常在盛开花朵的树上结群觅食。

红胸啄花鸟主要以浆果及寄生在常绿树上的榔寄生果实上的黏质物为食，也啄食部分有害昆虫。

247 | 叉尾太阳鸟
Fork-tailed Sunbird

　　叉尾太阳鸟在闽南地区是冬候鸟，虽然它是一种垂直迁徙为主的鸟类，但是由于闽南地区的山普遍不够高，所以一到夏季它们就消失得无影无踪了。叉尾太阳鸟在阳光下色彩艳丽，雄鸟分叉的尾羽别有特色。凭借着急速扇动翅膀的能力，叉尾太阳鸟经常会在花丛中悬停，然后用又弯又长的喙快速地吸食花蜜。

　　叉尾太阳鸟体长 10 厘米。栖息于山沟、山溪旁和山坡的原始或次生茂密阔叶林边缘，村寨附近的灌树丛中，或热带雨林和油茶林。常在高树顶上活动，尤其喜在檞寄生丛或开花的树、灌木丛中活动。喧闹吵嚷。常扇动双翅悬垂于花朵上。

　　叉尾太阳鸟以花蜜为主食，兼捕食飞虫和树丛中昆虫和蜘蛛等，以微呈弯曲的嘴和管状的长舌吸食花蜜。

叫声：响亮的金属音 chiff-chiff-chiff 叫声。

248 | 山麻雀
Russet Sparrow

　　山麻雀，顾名思义通常生活在山区。相比常见的麻雀，山麻雀稍稍艳丽一点点，不再是相对单调的褐色，而是多了一些砖红，脸上也没了麻雀那样的黑斑，变成了"小白脸"。生活习性上倒是和麻雀没有太大的不同，喜欢集群，也不太怕人。

　　山麻雀体长 14 厘米。结群栖息于高地的开阔林、林地或于近耕地的灌木丛。栖于家麻雀不出现的城镇及村庄。多活动于林缘疏林、灌丛和草丛中，不喜欢茂密的大森林。

　　山麻雀主要以植物性食物和昆虫为食。

叫声: cheep 声，快速的 chit-chit-chit 或重复的鸣声 cheep-chirrup-cheweep。

249 ［树］麻雀
Eurasian Tree Sparrow

　　［树］麻雀就是我们平常说的麻雀。中华人民共和国成立初期，粮食短缺，会吃谷物的麻雀因此曾被作为"四害"之一遭到全民围剿。实际上，针对农业生产而言，麻雀吃掉的害虫远超过谷物。对麻雀错误的围剿令全国大面积出现了病虫害，粮食严重减产，人类自作聪明很快就自食其果。所幸这个荒唐的举措很快被叫停，加上麻雀是具有极强适应力的鸟类，当年大规模的围剿并没有能让麻雀灭绝。所以我们至今依然能看到这些可爱的小东西在身边蹦蹦跳跳。

　　麻雀体长 14 厘米。主要栖息在人类居住环境，无论山地、平原、丘陵、草原、沼泽和农田，还是城镇和乡村，在有人类集居的地方，多有分布。常成群活动。性活泼。

　　麻雀食性较杂，主要以种子、果实等植物性食物为食，繁殖期间也吃大量昆虫，特别是雏鸟，几乎全以昆虫为食。

叫声：叫声为生硬的 cheep cheep 或金属音的 tzooit 声，飞行时也作 tet tet tet 的叫声；鸣声为重复的一连串叫声，间杂以 tsveet 声。

叫声：活泼的颤鸣及颤音 prrrit。

250 白腰文鸟
White-rumped Munia

　　白腰文鸟是群居性的鸟类，很爱吃禾穗和各种芦荻类细小的种子，它们那厚实的带有研磨功能的喙正是为此而生。白腰文鸟还很喜欢挤在一起晒太阳，民间称之为"七姐妹"，意思是它们看上去就像一群喜欢聚在一起聊家长里短的好姐妹一样。

　　白腰文鸟体长 11 厘米。栖息于低山、丘陵和山脚平原地带。飞行时两翅扇动甚快，常可听见振翅声，特别是成群飞翔时声响更大，快而有力，呈波浪状前进。性温顺，不畏人。

　　白腰文鸟以植物种子为主食，特别喜欢稻谷。在夏季也吃一些昆虫和未熟的谷穗、草穗。

叫声：双音节吱叫声 ki-dee、ki-dee，告警声为 tret-tret；鸣声为轻柔圆润的笛音及较低的模糊音。

251 斑文鸟
Scaly-breasted Munia

斑文鸟的习性和白腰文鸟差不多，不过整个胸腹部布满了鳞片状的纹路，而不像白腰文鸟那样仅仅胸口才有。曾经有江湖艺人训练斑文鸟叼纸签用来算命，这当然是无稽之谈。不过斑文鸟很容易和人亲近倒是真的。斑文鸟原本在闽南地区的冬季是很容易看到的，可惜随着农田和湿地的大面积减少，我们能看到它们的机会也越来越少。

斑文鸟体长 10 厘米。栖息于低山、丘陵、山脚和平原地带的农田、村落、林缘疏林及河谷地区。常光顾耕地、稻田、花园及次生灌丛等开阔多草地块。群结合较紧密，休息时亦多紧紧集聚在一起，有时一棵树上聚集着上百只，若有惊扰，全群立即起飞。飞行迅速，两翅扇动有力，常常发出呼呼的振翅声响，飞行时亦多成紧密的一团。

斑文鸟主要以谷粒等农作物为食，也吃草子和其他野生植物果实与种子，繁殖期间也吃部分昆虫。

252 ｜ 山鹡鸰 (jí líng)
Forest Wagtail

　　山鹡鸰在闽南地区比较少见。鹡鸰类的鸟羽色大多是黑白灰黄，非常分明，然而山鹡鸰身上的颜色给人的感觉却像是一杯调和的咖啡，也许这与它们生活在山区森林有关，这种颜色通常可以与地面更好地融合，起到保护色的作用。和其他鹡鸰上下摆动不同，山鹡鸰的尾巴通常左右摆动；不过山鹡鸰和其他鹡鸰一样，胆子都比较大，不怎么怕人。

　　鹡鸰体长约 17 厘米。栖息于开阔森林处。停栖时，尾轻轻往两侧摆动，不似其他鹡鸰尾上下摆动。飞行时为典型鹡鸰类的波浪式飞行。甚驯服，受惊时作波状低飞行，至前方几米处停下。

　　鹡鸰主要以昆虫为食。

> 叫声：常作响亮的吱吱声；飞行时发出短促的 tsep 叫声。

叫声：群鸟飞行时发出尖细悦耳的 tsweep 声，结尾时略上扬；鸣声为重复的叫声间杂颤鸣声。

253 | 黄鹡鸰 (jí líng)
Yellow Wagtail

黄鹡鸰是闽南地区的过境鸟，通常都是一大群，在田野中做短暂的补充体力后，继续它们的迁徙之路。黄鹡鸰的腹部和脸蛋都是黄色的，但是额头一般并不黄，而是灰色的。

黄鹡鸰体长 18 厘米。栖息于低山丘陵、平原以及海拔 4000 米以上的高原和山地。喜稻田、沼泽边缘及草地。常结成甚大群，在牲口及水牛周围取食。飞行时两翅一收一伸，呈波浪式前进。

黄鹡鸰主要以昆虫为食。

254 | 灰鹡鸰 (jí líng)
Grey Wagtail

　　灰鹡鸰比较喜欢生活在溪流或者湖畔等湿地环境中，尽管和黄鹡鸰的外貌看上去相似，但是灰鹡鸰的喉咙和脸蛋都是白色的。灰鹡鸰身材纤细优雅，嫩黄色的腹部又使得它看上去带着一股清新的气息，是非常受鸟类摄影爱好者们欢迎的模特。

　　灰鹡鸰体长 19 厘米。主要栖息于溪流、河谷、湖泊、水塘、沼泽等水域岸边或水域附近的草地、农田、住宅和林区居民点。常光顾多岩溪流并在潮湿砾石或沙地觅食，也于高山草甸上活动。飞行时两翅一收一伸，呈波浪式前进行。

　　灰鹡鸰主要以昆虫为食。

叫声：飞行时发出尖声的 tzit-zee 或生硬的单音 tzit。

255 | 白鹡鸰 (jí líng)
White Wagtail

　　白鹡鸰只有黑白两种颜色，走起路来喜欢将尾巴一翘一翘的，十分滑稽可爱。白鹡鸰与灰鹡鸰的生活习惯类似，但是分布更加广泛，数量也更多，几乎在任何湿地的环境中都能看到它的身影。白鹡鸰相互追逐的场景被中国古人认为是在相互嬉闹，是兄弟情深的象征。唐玄宗还专门写过《鹡鸰颂》。

　　白鹡鸰体长 20 厘米。主要栖息于河流、湖泊、水库、水塘等水域岸边，也栖息于农田、湿草原、沼泽等湿地。飞行姿式呈波浪式。

　　白鹡鸰主要以昆虫为食。

叫声：受惊扰时飞行骤降并发出示警叫声；清晰而生硬的 chissick 声。

叫声：飞行或受惊时发出哑而高的长音 shree-ep；也有吱吱叫声。

256 理氏鹨 (liù)
Richard's Pipit

　　理氏鹨是闽南地区的冬候鸟，在各种开阔的草坪，尤其是高尔夫球场上经常能看到它挺立的身姿，颇有绅士风度。理氏鹨还有个特点，喜欢一边飞一边叫，生怕别人注意不到它似的。

　　理氏鹨体长 18 厘米。栖息于开阔沿海或山区草甸、火烧过的草地及放干的稻田。单独或成小群活动。站在地面时姿势甚直。飞行姿式呈波浪式。

　　理氏鹨主要以昆虫为食。

257 红喉鹨 (liù)
Red-throated Pipit

红喉鹨在闽南地区是冬候鸟，不像理氏鹨，它喜欢更复杂一点的环境，一些小灌丛、低山山脚、开阔的草甸比较适合它。比如在冬季庄稼收割后的稻田里，经常就能看到它们黄褐色的身影，还有那红通通的喉咙。

红喉鹨体长 15 厘米。栖息于灌丛、草甸、开阔平原和低山山脚地带。喜湿润的耕作区包括稻田。

红喉鹨主要以昆虫为食。

叫声：飞行时发出尖细的 pseeoo 叫声，比其他鹨的叫声悦耳。

258 树鹨 (liù)
Orienfnl Tree Pipit

树鹨是闽南常见的冬候鸟，通常都是一小群一小群地在地面觅食，一旦觉得有危险靠近，就全都呼啦啦飞到临近的树上去躲避。所以这个主要在林区地面活动的小鸟儿却得了个"树鹨"的名字。树鹨背部是典型的灰橄榄色，胸口和两胁都有浓密的黑纹，外表看上去朴实无华又别有风韵，很是耐看。

树鹨体长 15 厘米。栖息于阔叶林、混交林和针叶林等山地森林中。多在地上奔跑觅食。性机警，受惊后立刻飞到附近树上。站立时尾常上下摆动。

树鹨以昆虫及其幼虫为主要食物，在冬季兼吃些杂草种子等植物性的食物，所吃的昆虫有蝗虫、蟒象、金针虫、蝇、蚊、蚁等。

叫声：飞行时发出细而哑的 tseez 叫声，在地面或树上休息时重复单音的短句 tsi……tsi……鸣声。

叫声：飞行叫声为偏高的
jeet-eet 声，不如水鹨尖厉；
鸣声为一连串快速的 chee
或 cheedle 声。

259 | 黄腹鹨 (liù)
Buff-bellied Pipit

　　黄腹鹨在闽南地区是较为少见的冬候鸟，不过一旦遇见就是一大群。田野和
靠近溪流的草地是它们比较喜欢的生活环境。黄腹鹨和树鹨的外表有些近似，不
过它没有树鹨那样粗白的眉纹，色彩也整体偏黄，树鹨则是偏绿。其实你只要想
一下它们各自的生活环境，就明白为什么会有这样色彩上的差异了。

　　黄腹鹨体长 15 厘米。栖息于山地、林缘、灌木丛、草原、河谷地带。冬季
喜沿溪流的湿润多草地区及稻田活动。多成对或小群活动，性活跃，不停地在地
上或灌丛中觅食。

　　黄腹鹨主要以鞘翅目昆虫、鳞翅目幼虫及膜翅目昆虫为食，兼食一些植物
种子。

260 | 燕雀
Brambling

　　燕雀在中国北方很多，在闽南却难得一见。黑色与土黄色交织的花纹让燕雀看上去落落大方。燕雀喜欢群居，也许是这种生活太惬意，让古人写下了"燕雀安知鸿鹄之志"的感叹。可是燕雀本就不是鸿鹄（鸿鹄是古人对天鹅的叫法），真要是有了不切实际的自我期许，未必会有好结果呢。其实不畏千里之遥、不畏风吹雨打，迁徙之路上它们何曾输给天鹅？燕雀没有天鹅飞得高，没有天鹅引人注目，但并不代表它们缺少坚定的意志。

　　燕雀体长 16 厘米。繁殖期间栖息于阔叶林、针叶阔叶混交林和针叶林等各类森林中，迁徙期间和冬季，主要栖息于林缘疏林、次生林、农田、旷野、果园和村庄附近的小林内。跳跃和波状飞行。成对或小群活动。于地面或树上取食。

　　燕雀主要以草子、果食、种子等植物性食物为食，尤喜杂草种子，也吃树木种子、果实。繁殖季节也吃昆虫。

叫声：悦耳的鸣声由几个笛音的音节接长长的 zweee 声或下降的嘟声；叫声为重复响亮而单调粗喘息声 zweee；也发出高叫及吱叫声；飞行叫声为 chuee。

261 黄雀
Eurasian Siskin

　　图中这只鸟就是"螳螂捕蝉黄雀在后"中的黄雀。黄雀在闽南地区非常罕见，但是在长江中下游地区甚至闽北地区都更常见。黄雀个体很小，不到成人的一个拳头大，喜欢群居，通常以植物果实、松子和草籽为主要觅食对象，但是对送到嘴边的昆虫也从来不拒绝，是个性格活泼的小"吃货"。

　　黄雀体长 11.5 厘米。栖息环境比较广泛，无论山区或平原都可见到；在山区多在针阔混交林和针叶林中；平原多在杂木林和河漫滩的丛林中，有时也到公园和苗圃中。常集结成群，春秋季迁徙时集成大群。平常游荡时喜落于茂密的树顶上，常一鸟先飞，而后群体跟着前往。飞行快速，直线前进。

　　黄雀以多种植物的果实、种子及嫩芽为食，也吃少量的昆虫。

叫声：鸣声为丁当作响的金属音啾叫、颤音及喘息声的混合；典型叫声为细弱的 tsuu-ee 或干涩的 tet-tet 声。告警时也作啷啾叫声及尖声的 tsooeet。

叫声：鸣声单调清晰而尖锐，并带有颤音，其声似 dzi-i-di-i。

262 | 金翅雀
Grey-capped Greenfinch

　　金翅雀在闽南地区不能算常见，但也并非罕见。欣赏金翅雀一定要挑它飞起来的时候，观察者要逆光看——因为只有这样，它翅膀上金色斑块在阳光的透射下才能够显出金灿灿的感觉，让人觉得这个"金翅"的名号对它而言真是再贴切不过了！

　　金翅雀体长 13 厘米。栖息于低山、丘陵、山脚和平原等开阔地带的疏林中。休息时多停栖在树上，也停落在电线上长时间不动。多在树冠层枝叶间跳跃或飞来飞去，也到低矮的灌丛和地面活动和觅食。飞翔迅速，两翅扇动甚快，常发出呼呼声响。

　　金翅雀主要以植物果实、种子等为食。

263 | 黑尾蜡嘴雀
Yellow-billed Grosbeak

黑尾蜡嘴雀是嗑瓜子的高手。在成都的各个茶馆里，冬季经常能看到黑尾蜡嘴雀过来"打劫"茶客放在一边的瓜子。闽南地区的黑尾蜡嘴雀是冬候鸟，而且也还没有练就这么大的胆子，通常只有在冬季的野外才能看到它们正在树上为填饱肚子寻寻觅觅。

黑尾蜡嘴雀体长 17 厘米。栖息于低山和山脚平原地带的阔叶林、针阔叶混交林，包括次生林和人工林中，也出现于林缘疏林、河谷、果园、城市公园以及农田地边和庭院中的树上。频繁地在树冠层枝叶间跳跃或来回飞翔，飞行迅速、两翅鼓动有

力，在林内常一闪即逝。性活泼而大胆，不甚怕人。

　　黑尾蜡嘴雀主要以种子、果实、嫩叶、嫩芽等植物性食物为食，也吃部分昆虫。

叫声：响亮而沙哑的 tek-tek 声。

叫声：于矮丛顶上作叫，鸣声较其他的鹀快而更为喊喳，由断续的 zwee 声音节加速而成喊喳一片，以两声 triip triip 收尾。

264 ｜ 栗耳鹀 (wú)
Chestnut-eared Bunting

　　栗耳鹀在闽南地区是冬候鸟，数量也不多，比较喜欢杂草和稀疏灌丛的环境。相比同地区常见的冬候鸟灰头鹀，它唯一显得比较特别的地方，就是耳朵后面那一块栗色的斑，如果你观察得足够仔细的话，你会发现有些栗耳鹀个体的胸前还能看到一个棕色的项圈。

　　栗耳鹀体长 16 厘米。栖息于低山区或半山区的河谷沿岸草甸，森林迹地形成的湿草甸或草甸加杂稀疏的灌丛。冬季成群。

　　栗耳鹀主要以种子、果实等植物性食物为食，也吃昆虫等动物性食物。

265 | 小鹀 (wú)
Little Bunting

　　小鹀比其他常见的鹀其实只小一点点，在野外缺少同类对比的情况下几乎看不出来。不过小鹀不像其他的鹀那样，缺少一种流浪汉式的"天大地大到处是我家"的气质，而是有些害羞，行踪相对隐秘。即使偶尔露出脸来，也总是涨得红红的。

　　小鹀体长 13 厘米。栖息于灌木丛、小乔木、村边树林与草地、苗圃、麦地和稻田中。多结群生活。性颇怯疑，虽在迁徙途中也静寂地隐藏于麦田、灌丛或芦苇地。飞翔时尾羽有规律地散开和收拢，频频地露出外侧白色尾羽。

　　小鹀主要以种子、果实等植物性食物为食，也吃昆虫等动物性食物。

叫声：音高而轻的 pwick 或 tip tip 声，也作 tsew 声。

266 | 黄喉鹀 (wú)
Yellow-throated Bunting

闽南地区冬季能够见到的鹀有好几种，黄喉鹀是其中最为明艳的。它不仅羽色美丽，还有一副虽然细小但很动听的嗓子。黄喉鹀胆子偏小，比较机警，经常人还没靠近它，它就已经飞得远远的了。

黄喉鹀体长 15 厘米。栖息于丘陵及山脊的干燥落叶林及混交林。越冬在多荫林地、森林及次生灌丛。性活泼而胆小，多沿地面低空飞翔。

黄喉鹀主要以昆虫为食，

叫声：鸣声为单调的啾啾声；重复而似流水的偏高声 tzik。

叫声：深沉而生硬的 tchip 似黄鹂叫，或为金属音 tzik。

267 | 黑头鹀 (wú)
Black-headed Bunting

　　黑头鹀在闽南地区属于过境鸟，有关记录极少。这是在厦门拍到的第一张黑头鹀的记录照。能够有幸为厦门的鸟类统计增加一个新纪录，是令摄影师十分开心的事情。希望在越来越多的自然关爱者的共同努力下，闽南的环境能够越来越好，鸟儿越来越多。

　　黑头鹀体长 17 厘米。栖息于平原耕作区和矮林地带或山边稀林，喜有灌丛或矮树的开阔干旱平原。

　　黑头鹀主要以植物种子、浆果等为食。

268　灰头鹀 (wú)
Black-faced Bunting

　　不不不，这不是麻雀，这是灰头鹀，冬季是南方的常客。也许灰头鹀的外表确实不够闪亮，可既然"朴实无华"是人类崇尚的品质之一，为什么要对它另眼相看呢？闽南的城市大多四季常青，缺少北方秋冬季的那种景观，为了拍灰头鹀去山里，在海拔较高的地方经常能欣赏难得一见的红叶，不也是人生一乐么？

　　灰头鹀体长 14 厘米。栖息在平原以至高山、山区河谷溪流两岸、平原沼泽地的疏林和灌丛中，也在山边杂林、草甸灌丛、山间耕地以及公园、苗圃和篱笆上。不断地弹尾以显露外侧尾羽的白色羽缘。

　　灰头鹀主要以种子、果实等植物性食物为食，也吃昆虫等动物食物。

叫声：轻嘶声 tsii-tsii。

后　记

　　15 年前，有幸相识厦门观鸟协会的几位"鸟人"，在他们的引领下我用相机记录了野生鸟儿的精彩瞬间，从此走上拍鸟的不归路。野生鸟类摄影是一项既能锻炼身体又能修身养性的活动，也是为退休后找个乐趣埋下的伏笔。在没办法自由支配时间的日子里，我只要有节假日就去拍鸟。花开花谢，潮起潮落，不经意间走向人生的后半程。我扛起相机脚架远离城市的喧嚣，行走在林荫小径，漫步于池塘间，跋涉于山水并注视翱翔在天空的鸟儿，还会飞往异国他乡，寻觅千姿百态、色彩斑斓的飞羽。在这过程中感受到生态环境在改变，也让我越来越清晰地认识到，野外拍鸟是我们当下走近大自然的很好选择，这不但有利于个人的身心健康，也有利于提高个人对自然和生态的认识。相机定格鸟儿灵动瞬间带来的是愉悦和成就感。鸟是大自然精美的杰作，是我们的好朋友，是维持自然生态平衡不可或缺的重要物种。镜头的语言，是一种无声的表达画面交织的影像，是心情的记录。希望这些图片文字所展示与描述的美丽精灵们，能给人们增加更多的知识和乐趣，使人们对大自然和我们周围的环境、对自然界的生灵多一份爱、一份珍惜和一份敬畏。也希望有更多的朋友能与我们同行，去寻找更多家乡的鸟，拍下更加精美的画。

　　感谢中华全国归国华侨联合会原主席林军先生为本书题写书名！

　　感谢华侨大学教育基金会城市建设与经济发展研究专项基金理事会和华侨大学城市建设与经济发展研究院给予资助出版！

　　感谢薛居铮、黄志宁和唐安等诸君的引领！

　　感谢大自然，感谢造物主，感谢家人的理解、关心与支持！

郑维馥

附录 1

法律法规对破坏野生鸟类资源的处罚规定

《刑法》

第三百四十一条　非法猎捕、杀害国家重点保护的珍贵、濒危野生动物的，或者非法收购、运输、出售国家重点保护的珍贵、濒危野生动物及其制品的，处五年以下有期徒刑或者拘役，并处罚金；情节严重的，处五年以上十年以下有期徒刑，并处罚金；情节特别严重的，处十年以上有期徒刑，并处罚金或者没收财产。

违反狩猎法规，在禁猎区、禁猎期或者使用禁用的工具、方法进行狩猎，破坏野生动物资源，情节严重的，处三年以下有期徒刑、拘役、管制或者罚金。

《野生动物保护法》

第十八条　猎捕非国家重点保护野生动物的，必须取得狩猎证，并且服从猎捕量限额管理。

第二十条　在自然保护区、禁猎区和禁猎期内，禁止猎捕和其他妨碍野生动物生息繁衍的活动。

第三十二条　违反本法规定，在禁猎区、禁猎期或者使用禁用的工具、方法猎捕野生动物的，由野生动物行政主管部门没收猎获物、猎捕工具和违法所得，处以罚款，情节严重、构成犯罪的，依照刑法第一百三十条的规定追究刑事责任。

第三十三条　违反本法规定，未取得狩猎证或者未按狩猎证规定猎捕野生动物的，由野生动物行政主管部门没收猎获物和违法所得，处以罚款，并可以没收猎捕工具，吊销狩猎证。

第三十五条　违反本法规定，出售、收购、运输、携带国家或者地方重点保护野生动物或者其产品的，由工商行政管理部门没收实物和违法所得，可以并处罚款。

《高法解释》

第六条　违反狩猎法规，在禁猎区、禁猎期或者使用禁用的工具、方法狩猎，具有下列情形之一的，属于非法狩猎"情节严重"：

（一）非法狩猎野生动物二十只以上的；

（二）违反狩猎法规，在禁猎区或者禁猎期使用禁用的工具、方法狩猎的；

（三）具有其他严重情节的。

《陆生野生动物保护实施条例》

第十五条　猎捕非国家重点保护野生动物的，必须持有狩猎证，并按照狩猎证规定的种类、数量、地点、期限、工具和方法进行猎捕。

第十八条　禁止使用军用武器、汽枪、毒药、炸药、地枪、排铳、非人为直接操作并危害人畜安全的狩猎装置、夜间照明行猎、歼灭性围猎、火攻、烟熏以及县级以上各级人民政府或者其野生动物行政主管部门规定禁止使用的其他狩猎工具和方法狩猎。

第二十六条　经营利用非国家重点保护野生动物或者其产品的，应当向工商行政管理部门申请登记注册。

经核准登记经营利用非国家重点保护野生动物或者其产品的单位和个人，必须在省、自治区、直辖市人民政府林业行政主管部门或者其授权单位核定的年度经营利用限额指标内，从事经营利用活动。

第三十四条　违反野生动物保护法规，在禁猎区、禁猎期或者使用禁用的工具、方法猎捕非国家重点保护野生动物，依照《野生动物保护法》第三十二条的规定处以罚款的，按照下列规定执行：

（一）有猎获物的，处以相当于猎获物价值八倍以下的罚款；

（二）没有猎获物的，处二千元以下罚款。

第三十五条　违反野生动物保护法规，未取得狩猎证或者未按照狩猎证规定猎捕非国家重点保护野生动物，依照《野生动物保护法》第三十三条的规定处以罚款的，按照下列规定执行：

（一）有猎获物的，处以相当于猎获物价值五倍以下的罚款；

（二）没有猎获物的，处一千元以下罚款。

第三十七条　违反野生动物保护法规，出售、收购、运输、携带国家或者地方重点保护野生动物或者其产品的，由工商行政管理部门或者其授权的野生动物行政主管部门没收实物和违法所得，可以并处相当于实物价值十倍以下的罚款。

第四十一条　有下列行为之一，尚不构成犯罪的，由公安机关依照《中华人民共和国治安管理处罚条例》的规定处罚：

（一）拒绝、阻碍野生动物行政管理人员依法执行职务的；

（二）偷窃、哄抢或者故意损坏野生动物保护仪器设备或者设施的；

（三）偷窃、哄抢、抢夺非国家重点保护野生动物或者其产品的；

（四）未经批准猎捕少量非国家重点保护野生动物的。

除了依据国家级的法规，还要参照各地方的办法和条例。

所有野生鸟类，根据《福建省林业厅关于发布鸟类禁猎期的通告》闽林动植〔2012〕18 号文件，均得到法律保护，不得随意猎杀。

福建省林业厅关于发布鸟类禁猎期的通告
闽林动植〔2012〕18 号

鸟类是生态系统的重要组成部分，也是国家宝贵的自然资源。保护鸟类对保护生物多样性，维护生态平衡，建设生态文明，促进人与自然和谐发展具有重要意义。根据《中华人民共和国野生动物保护法》，为进一步加强鸟类资源保护，决定在福建省境内对鸟纲所有种（鸟类）进行禁猎，禁猎期为 2012 年 11 月 1 日至 2022 年 10 月 31 日。禁猎期间，除科学研究、疫病防控、保障航空安全等特殊情形外，各级林业主管部门对猎捕鸟类的行政许可申请一律不予审批。凡未经林业主管部门批准，非法猎捕鸟类的，由县级以上林业主管部门依法给予处罚；构成犯罪的，依照《刑法》第三百四十一条的规定，依法追究刑事责任。

特此通告。

2012 年 11 月 1 日

福建省林业厅

厦门大屿岛白鹭自然保护区管理办法

1995 年 11 月 1 日厦门市第十届人民代表大会常务委员会第十九次会议通过。

根据 2017 年 10 月 31 日厦门市第十五届人民代表大会常务委员会第七次会议《厦门市人民代表大会常务委员会关于修改〈厦门大屿岛白鹭自然保护区管理办法〉的决定》修正。

第一条　为了加强厦门大屿岛白鹭自然保护区的建设和管理，保护厦门市市鸟白鹭，维护生态平衡，遵循《中华人民共和国自然保护区条例》和有关法律、行政法规的基本原则，制定本办法。

第二条　厦门大屿岛白鹭自然保护区（以下简称自然保护区）的范围为大屿岛、鸡屿岛全部陆域和滩涂。

自然保护区应设置界标。任何单位和个人不得擅自移动和破坏自然保护区的界标。

第三条　任何单位和个人都有保护白鹭（包括岩鹭、黄嘴白鹭、大白鹭、中白鹭、小白鹭等）及其赖以生息的环境的义务，并有权对违反自然保护法规的行为进行监督、检举和控告。

第四条　市环境保护行政主管部门负责自然保护区的综合管理工作，下设专门管理机构，其主要职责是：

（一）贯彻执行国家有关自然保护的法律、法规和方针、政策，开展自然保护的宣传教育工作；

（二）拟定自然保护区规划，实施自然保护区的建设和各项管理制度；

（三）组织环境监测，调查自然资源，并建立档案；

（四）在不影响自然保护区的自然环境和资源的前提下，组织科学研究活动。

林业、公安、市政园林、海洋与渔业、市场监督管理等有关部门应当协助自然保护区的保护管理工作。

第五条　任何单位和个人进入自然保护区，应当遵守自然保护区的各项管理制度，服从管理。

禁止在自然保护区范围内进行狩猎、毁鸟巢、掏鸟蛋、抓雏鸟和砍伐、烧荒、放牧、捕捞、采药、开垦、开矿、采石、挖沙等活动以及其他破坏地形、地貌及自然生态的活动。

第六条　禁止任何单位和个人作出伤害、出售、收购白鹭等行为，违者由林业、市场监督管理行政管理部门依法予以处理。

第七条　禁止任何单位和个人擅自进入自然保护区。进入自然保护区从事科学研究活动，必须事先向自然保护区管理机构提出申请和活动计划，经依法批准后方可进行。

禁止在自然保护区内建设与保护白鹭无关的项目和进行有损白鹭生息的活动。

第八条　一切船舶未经批准不得在大屿岛界标内停泊。任何单位和个人不得为擅自进入大屿岛者提供船只。

第九条　在自然保护区的外围保护地带建设的项目，不得损害自然保护区内的环境质量；已造成损害的，应当限期治理。

第十条　自然保护区管理机构及其行政主管部门可以接受国内外组织和个人的捐赠，用于自然保护区的建设和管理。

第十一条　有下列情形之一的，由市人民政府或者市环境保护行政主管部门视其贡献大小分别给予表彰或者奖励：

（一）保护白鹭有功的；

（二）保护自然保护区生态环境有功的；

（三）在自然保护区的管理和建设中成绩显著的；

（四）对白鹭进行科学研究成绩显著的；

（五）积极开展保护白鹭的宣传教育工作成绩显著的；

（六）对违反本办法的行为及时予以制止或者检举有功的。

第十二条 违反本办法规定，有下列行为之一的单位和个人，由市环境保护行政主管部门责令其改正，并可以根据不同情节处以五百元以上五千元以下的罚款：

（一）擅自移动或者破坏自然保护区界标的；

（二）未经批准进入自然保护区或者在自然保护区内不服从管理的；

（三）未经批准的船舶在大屿岛界标内停泊的；

（四）为擅自进入大屿岛者提供船只的。

第十三条 违反本办法第五条第二款规定的，除可以依照有关法律、行政法规规定给予处罚的以外，由市环境保护行政主管部门没收违法所得，责令停止违法行为，限期恢复原状或者采取其他补救措施，并处以一千元以上一万元以下的罚款；给自然保护区造成损害的，责令其赔偿损失；构成犯罪的，依法追究刑事责任。

第十四条 违反本办法第九条规定的，由市环境保护行政主管部门责令其改正，并处以五千元以上五万元以下的罚款。

第十五条 妨碍自然保护区管理人员执行公务的，由公安机关依照《中华人民共和国治安管理处罚法》的规定给予处罚；情节严重，构成犯罪的，依法追究刑事责任。

第十六条 自然保护区管理人员玩忽职守、滥用职权、徇私舞弊的，由其所在单位或者上级主管机关给予行政处分；构成犯罪的，依法追究刑事责任。

第十七条 当事人对行政处罚决定不服的，可以依法申请行政复议或者提起行政诉讼。

当事人逾期不申请复议，也不起诉，又不履行处罚决定的，由作出处罚决定的机关向人民法院申请强制执行。

第十八条 本办法自 1995 年 12 月 1 日起施行。

附录 2

本书重要名词解释

冬候鸟

指冬季在南部较暖地区过冬，次年春季飞往北方繁殖，幼鸟长大后，正值深秋，又飞临原地区越冬，对该地区而言，这类鸟称冬候鸟。

夏候鸟

指春季或夏季在某个地区繁殖、秋季飞到较暖的地区去过冬、第二年春季再飞回原地区的鸟。

过境鸟

候鸟在迁徙时经过某地，就被称为是这个地方的"过境鸟"。

留鸟

终年生活在一个地区，不随季节迁徙的鸟统称留鸟。

成鸟

已发育成熟，可以繁殖的鸟。

亚成鸟

处于幼体时期之后，具有近似成鸟的体态和生活能力，但尚未完全发育成熟，未能达到性成熟状态的鸟。

体长

指从嘴的尖端至尾部末端的长度。文中列出的尺寸仅为约数。

IUCN 红色名录

国际自然保护联盟濒危物种红色名录（或称 IUCN 红色名录、IUCN Red

List）于 1963 年开始编制，是全球动植物物种保护现状最全面的名录，也被认为是生物多样性状况最具权威的指标。此名录由国际自然保护联盟编制及维护。

世界自然保护联盟红色名录根据物种受威胁程度和估计灭绝风险将物种列为不同的濒危等级。根据个体数量下降速度、物种总数、地理分布、群族分散程度等准则将物种划分为 9 个等级，具体级别是：

绝灭（EX，Extinct）：如果一个生物分类单元的最后一个个体已经死亡，列为灭绝。

野外绝灭（EW，Extinct in the Wild）：如果一个生物分类单元的个体仅生活在人工栽培和人工圈养状态下，列为野生灭绝。

极危（CR，Critically Endangered）：野外状态下一个生物分类单元灭绝概率很高时，列为极危。

濒危（EN，Endangered）：一个生物分类单元，虽未达到极危，但在可预见的不久将来，其野生状态下灭绝的概率高，列为濒危。

易危（VU，Vulnerable）：一个生物分类单元虽未达到极危或濒危的标准，但在未来一段时间中其在野生状态下灭绝的概率较高，列为易危。

近危（NT，Near Threatened）：一个生物分类单元虽然保护现状比较低，但可能在不久的将来有濒危或灭绝等危险。

低危（LC，Least Concern）：一个生物分类单元，经评估不符合列为极危、濒危或易危任一等级的标准，列为低危。

数据缺乏（DD，Data Deficient）：对于一个生物分类单元，若无足够的资料对其灭绝风险进行直接或间接的评估时，可列为数据缺乏。

未评估（NE，Not Evaluated）：未应用有关 IUCN 濒危物种标准评估的分类单元列为未评估。

鉴于 IUCN 红色名录是动态修订的，而我国的国家一、二级保护动物名录则是在 20 世纪 80 年代确定至今未曾修订，具有一定的滞后性，所以本书对不在我国国家一、二级保护动物名单中，但在 IUCN 红色名录的"NT、VU、EN、CR"范围内的鸟种也进行了标注。对在两份名单中均存在的鸟类，则只标注在国内的保护等级。

附录 3

参考书目及说明

参考书目:

约翰·马敬能、卡伦·菲利普斯、何芬奇等:《中国鸟类野外手册》,卢和芬译,湖南教育出版社,2000。

说明:

本书中有关鸟类名称、体征、习性、叫声等内容,主要引自《中国鸟类野外手册》,并略加删改。有两点请读者注意。首先,《中国鸟类野外手册》出版于2000年,近年来鸟类学研究的一些新成果对原书中的鸟类分类提出了不同的观点,少数在此书中被认为是同一种鸟不同亚种的,现在被认定为不同种类的鸟,并赋予了新的名称。考虑到本书为入门的介绍性读物,故仍旧使用《中国鸟类野外手册》所采取的分类标准及命名系统。本书在涉及近年来分类学上出现变化的相关鸟种时,做了补充说明。其次,在《中国鸟类野外手册》一书中,作者是用英文的近似发音来对鸟类的叫声进行描述的,本书采用原书中的描述。

图书在版编目（CIP）数据

精灵的快闪：闽南金三角常见鸟类概览 / 郑维馥，
朱敬恩，李美贞著. --北京：社会科学文献出版社，
2019.11
　（华侨大学哲学社会科学文库）
　ISBN 978-7-5097-8933-9

　Ⅰ.①精…　Ⅱ.①郑…②朱…③李…　Ⅲ.①鸟类－
福建－图集　Ⅳ.①Q959.708-64

中国版本图书馆CIP数据核字（2018）第295214号

·华侨大学哲学社会科学文库·

精灵的快闪：闽南金三角常见鸟类概览

著　　者 / 郑维馥　朱敬恩　李美贞

出 版 人 / 谢寿光
组稿编辑 / 王　绯　张建中
责任编辑 / 张建中

出　　版 / 社会科学文献出版社·社会政法分社（010）59367156
　　　　　地址：北京市北三环中路甲29号院华龙大厦　邮编：100029
　　　　　网址：www.ssap.com.cn
发　　行 / 市场营销中心（010）59367081　59367083
印　　装 / 北京盛通印刷股份有限公司

规　　格 / 开　本：787mm×1092mm　1/16
　　　　　印　张：26　字　数：406千字
版　　次 / 2019年11月第1版　2019年11月第1次印刷
书　　号 / ISBN 978-7-5097-8933-9
定　　价 / 138.00元

本书如有印装质量问题，请与读者服务中心（010-59367028）联系